從宇宙大霹靂到
人類文明的科學世界觀

丈量人類世

台大科教發展中心創辦人、跨領域通識課程教授
陳竹亭

ANTHROPOCENE

CONTENTS ───────────────────────────

推薦序
人類世：一個新的覺悟

王寶貫

中研院院士、成功大學航空太空工程學系客座特聘講座教授

　　這是一個反省的時代，人類正在從物質慾望的無限膨脹幻想中逐漸清醒過來，而「人類世」這個名詞的出現，正是這個清醒現象的一個明確指標。

　　在我求學的1960年代，整個人類社會最被推崇、最有價值的，就是發展科學與工業技術。這兩方面先進的國家就是發達國家，是其他國家羨慕的對象。那個慾望膨脹期的開端，是十八世紀的工業革命，生產機器不斷被開發出來，許多民生物資開始可以被「大量製造」，所以就需要大量原料及大量能源，進而自然導致人類大量挖礦、大量燃燒化石燃料，從煤開始，遍及石油。

　　挖礦把一個地方挖得千瘡百孔，不能住人怎麼辦？再換個地方挖就是了。燃煤造成濃煙蔽天怎麼辦？建造高大煙囪

把煤煙排到高空就是了。眼不見為淨,誰知空污並沒有消失,而是在大氣裡流連徘徊⋯⋯

更糟糕的是,產能過剩,產品沒人買怎麼辦?那就欺負弱小國家、開發殖民地,強迫他們買用,還可以強迫他們去挖礦及生產原料,低價供應統治國,要不然我的經濟怎麼成長?(經濟一定非要不斷成長不可嗎?)帝國主義的發軔動機,就是這種無窮盡的慾望。

於是迎來了大都市的煙霧,長程空污的酸雨及PM2.5,還有全球暖化。這下子連災害都全球化了,不止窮國,連富國也逃不掉這些後果。地球人終於了解,地球資源(包括空間)不是無窮無盡的。人類掌握了巨大能力,惡整了地球環境。地球是個有限的物理系統,有作用,就有一定有反應,只是反應要到一定時間才會顯露出來,一如俗語所言:善有善報,惡有惡報,不是不報,時候未到!

現在許多國家終於覺醒,知道不能只有開發,卻沒有善後,要不然接下來的階段會叫做「不可收拾」。但無疑還有許多國家需要覺醒,這需要全世界有識之士的努力。

把人類開始有這種大能力來撼動、干擾大自然過程的時期稱為「人類世」,的確是實至名歸,它把前因後果以畫龍點睛方式呈現出來。但要如何才能使一般人了解這整個變動的來龍去脈呢?

　　這就必須從認識地球在宇宙中的地位說起，它經歷了什麼樣的物理化學變動，它的環境如何一步步變得適合生物的繁衍；以及生物的演化過程，乃至出現了「人類」這種怪咖生物，又如何開始有辦法反過來影響地球環境。拙著《天與地》（牛頓出版社，1996年）一書想要闡明的，其實就是這個觀點。時隔二十幾年，終於又看到《丈量人類世》這樣的科普書，而且旗幟鮮明地發揚「人類世」的精神。

　　本書的行文流暢，風格平易，涵蓋學門也非常廣，論述深入淺出。作者陳竹亭教授我見過幾次面，因此知道他對台灣的科普教育十分熱心。這本書不僅足以作為環境教育的教科書，也很適合高中以上、關懷地球環境的社會大眾閱讀，值得大力推薦。

　　很巧地，提出「人類世」這個名詞的克魯琛教授，我也見過不少次面。我在 2003 年夏天應邀去柏林參加德國洪堡基金會（Alexander von Humboldt Stiftung）五十週年慶，其後並赴位於麥因茨（Mainz）的普朗克化學研究所（Max Planck Institute for Chemistry）訪問三個月。克魯琛教授原是該研究所的所長，那年剛退休，因此那一陣子跟他談了不少。他待人非常親切，初次見面就邀我和內子麗碧到他家聚餐，他夫人親自下廚做了幾道東方式的快炒菜餚，還頗可口。他除了有荷蘭人傳統的為學嚴謹及直白（英語 Dutch Uncle 是指對

不同意之事會不客氣坦率評論的人）之外，也頗具荷蘭人的特殊幽默感，和他交談十分愉快且充實。克魯琛教授已於去年（2021）1月28日過世，但相信他提出的「人類世」的概念及其研究，將持續在全世界被發揚推廣。

自序

科學與人類世
——科學與科技在人類世如何演化？

　　科學家認為人類文明已經引領這個世界進入了「人類世」[1][2]。

　　這是一個嶄新的觀點，由荷蘭諾貝爾獎得主克魯琛（Paul J. Crutzen, 1933-2021）所提出。「人類世」的英文「Anthropocene」的字首是人類（anthropo）；字尾是地質新生代（Cenozoic）。地質學對這個地質世代的紀元，原本是將距今11,700年前時的冰期消退、世界變暖，稱作「全新世」（Holocene）。從這時起，人類開始發展了地球上第一次的「文明」。而克魯琛主張：自從工業革命之後，人類已經引導世界進入了一個新的世代。

　　一萬年前，人類曾經昂首挺胸的勝出了自然冰期的困

境，進入全新世。到了最近的世紀，人類的科技文明更突飛猛進地改變了自然界。

然而，到了人類世，我們面臨的困境不再是天災，而是人禍！

世界人口極度膨脹造成的全球暖化、氣候變遷……環境危機與能源危機都發出了警訊；自然生態多樣性喪失，第六次生物瀕臨大滅絕……人類能夠繼續欣欣向榮的輝煌歷史嗎？人類世能夠再創造並且維持另一個一萬年的文明榮景嗎？

17-18世紀，歐洲啟蒙運動興起，歐美的知識份子在全世界率先有了自覺，學會從理性和科學來思考，並藉此尋求、了解我們的世界。啟蒙運動令歐美社會民智大開。日本實施明治維新，積極仿效西學後，東西強者都以推動國家現代化，創造所謂富裕、革新、公平、公正的法治社會，以促成集體智慧的進步為目的。

豈料，啟蒙運動的兩百年後，人文與科學偏頗演化的結果，竟然使得兩者漸行漸遠、互不往來。在歷史上距離我們不到兩百年這段期間，近代科學和科技演化以超高速獨行於人類文明，與人文卻形成涇渭分明的疏離之勢。英國學者斯諾（Charles P. Snow, 1905-1980）稱之為「兩種文化」[3]。

人類世科技與商業結合的物質文明仍然在加速前行，卻難掩精神文明悖離了人性期許，也疏離了和自然環境與生態

共存共榮的想望。而缺少了人文的制衡，科技所形塑的新世界離自然愈發遙遠，人類世終將何去何從，才是更深遠的問題。

很反諷的是在人類世，人類卻被自己的科技成就蒙蔽了雙眼，自以為創造了成功的世界，卻不知道我們在演化的舞台上還是新手，忽略了我們在自然中最根本的需求仍然是求生存。科技加足馬力猛衝，卻如無韁之馬，沒有方向，更無能對科學或人文的內在價值做出睿智的抉擇。

台灣唯一的諾貝爾獎得主李遠哲曾說：「我年輕的時候曾經立志做個優秀的科學家，希望能盡一己之力，與志同道合之士使世界變得更好；今天來看，科學家的工作目標卻可能應該是不要使地球變得更糟！」[4]

環境學家勒夫洛克（James Ephraim Lovelock, 1919-）也是一位「未來學」專家，他曾說：「我不認為我們已經演化到夠聰明的地步，可以處理複雜的氣候變遷問題。」[5] 大自然演化的智慧沈浸在悠久漫長的時間長河中，如果我們不以長時間的觀點思考，人類根本無法學習為文明方向掌舵的功課。

物質文明尚未爆衝之前的人類社會，相較之下更為注重美德的培養，也更重視深耕精神文明。東方人講求天人合一，文藝復興到啟蒙時代的歐洲是人文薈萃，音樂、戲劇、藝術及文、哲、史……與科學並進，相互毫不遜色。然而曾

幾何時,科學與科技變成了獨善其身!

我個人以為:人類精神文明的本質能否提升,將決定人類世的上升或沈淪。

這本科普書是我從在台灣大學所教授的通識課中整理而成,內容摘取了部分宇宙與自然史和人類的文明發展,加上從人類世的觀點檢視科學與科技的演化。自2007年起,在幾位傑出助教的協助下,我將所開通識課程的內容大幅從環境化學轉向宇宙和自然史,但保留了文明的環保和永續概念,並且將實體課錄製成網路開放課程(Open Course Ware)。

2008年底,台大成立了「科學教育發展中心」(CASE),我受命擔任首任中心主任職。2010年,進一步將通識課修改易名為「自然、環境與永續文明」。兩項工作的共同目標乃是希望讓更多學生及普羅大眾能從科普來認識我們身處的環境和生命世界的演化。2012年春天在中央研究院的「知識饗宴」講座將萃取濃縮的內容做了「能源與永續文明」的科普演講,並且撰述成文,於2013年發表。[6]

2013年,我受教育部之邀主持「科學人文跨科際人才培育計畫」。「跨科際」一詞乃譯自「trans-disciplinary」,舉凡認識、處理或甚至解決當今社會中各種真實問題,譬如許多公投的議題,都需要有人文胸懷、社會觀點輔以科學、科技的應用知識。簡言之,跨科際人才是能夠跨領域對話、合作

的專家或知識公民。而人類世正是一個跨科際的新概念。

2021年新冠肺炎疫情橫行，就利用長期居家的機會撰成此書。除了希望為國內中學及中學程度以上的讀者提供一本合適的自然史，主旨還是在以宇宙時空的尺度和科學的世界觀為主軸，藉著科普知識試圖闡釋人類世。

第一章到第三章，分別從宇宙、太陽系、地球的角度來思考物質世界的現象、成因與演化的過程，宏觀地認識我們的自然環境。認識遙遠的星球和時空宇宙，會讓我們思考人類哲思的初心。諸如我們在哪裡？自然界是如何形成的？會往哪裡去？為什麼地球迥異於其他星球？大自然何以如此繁複、美麗又生機蓬勃？

接下去的第四、五章則是談生命和人類的演化，讓讀者一窺科學家從長時間的演化中，拼湊出自然界的生命是如何走到今天的光景？「演化」不僅是一個神奇又特殊的科學觀點，更重要的是，生物滅絕也同樣在形塑世界。這兩章可以讓我們關注生命從哪裡來？往哪裡去？而我們人類究竟是萬物之靈？還是異於禽獸者幾希？

最後一章敘述科學、科技導致的工業革命，是如何加速了世界文明的改變，也闡明世界進入了「人類世」的世代。本章介紹科學家提出人類世的來龍去脈，並闡明知識份子理當檢討科學和科技在文明中與經濟結合、交錯演化的進程。對於誤用科技縱容物質文明的氾濫，必須及時產生自覺，建

立合理且良善的世界觀。人類需要認識對周遭環境產生的影響，節制物質欲望，提升生命中崇高的精神力量，設法與自然永續並存，以免全人類文明傾圮的厄運。

本書的知識底蘊涵蓋了物理、化學、地質、天文、生物、人類學，以及歷史、地理等學科，屬於跨領域的科普書籍。雖然力求簡明，但在必要之處仍然保留了一些專有名詞，且為了保持精準的詞彙意涵，也附註這些關鍵詞的英文，重要的科學家名字也加註原文和生卒年代，提供為有意願做延伸閱讀的讀者參考。

除了知識方面的介紹，這本書的另一個重點，是所謂「科學的世界觀」[7]。

「世界觀」是每個人集合自己的知識和信念，萃取出對世界的「整全觀點」（wholistic viewpoint）。科學人固然應該時時自省科學文化的發展，專攻人文社會科的專業人士也應該積極地從人本觀點來檢視，並且嘗試引領新世代的科學，或者實行跨界的思辨、批判。這樣做也需要具備科學的世界觀。

我和學生討論科學和人文的跨域議題時，常感慨即使在21世紀科學普及的今天，仍然有很多年輕學子缺乏現代科學的世界觀，而我認為這應該是做為一個現代知識公民的基本素養。

「觀點」絕不僅是信手拈來的想法，更非天馬行空的泛

泛意見而已。觀點（perspective）[8] 直接的意思就是「透視」。做學問與學科學習最重要的宗旨之一，就是要認識前人對知識的觀點，絕不僅是對知識的認知而已。對於表達觀點者的立場、知識及視野，要有多元、多方的正確想像，才能深入掌握、理解敘事者提出這些觀點所要表達的真實意義。當你能夠將所獲取的知識與信念連結到周遭世界，產生理性的聯想，這就是建立屬於你自己的世界觀的第一步。

這裡把「觀點」說得有點兒複雜，不僅是希望身為學習者的學生們建立科學觀點，也是在提醒身為教學者的老師們，要在教學中對學習者常常「設身處地、將心比心」，俾能幫助學生清楚理解教師們想要傳達的概念結構。

本書中的諸多科學觀點，譬如宇宙的發生、宇宙的年紀、宇宙的時空概念、恆星與行星的誕生與死亡、原子構成的世界、自然及其中生命的演化、人類的演化、人類文明形成的歷史、自然的環境與永續、人類的未來……看似離我們遙遠，但其實都會影響我們看待自身及人類的生命意義，進而形塑個體以至群體面對生存與生活的態度。

個人的世界觀會決定自己的人生觀；大眾的世界觀則會決定社會集體的智慧，從而決定我們未來的方向！

注釋

1 人類世——跨學科的愛恨情仇，吳易叡，歷史學柑仔店，2018年。

2 《人類時代》（*Human Age*），黛安·艾克曼（Diane Ackerman）著，莊安祺譯，時報文化，2015年。

3 C. P. 斯諾（Charles Percy Snow, 1905-1980）英國物理化學家、小說家。在瑞德講座（Rede Lecture）先發表「兩種文化與科學革命」（The Two Cultures and the Scientific Revolution），後發表「兩種文化及其再檢討」（The Two Cultures and A Second Look）。

4 李遠哲在「遠哲科學教育基金會」為中學生主辦「2021文創科學探究競賽」頒獎典禮中講話。

5 Quote Lovelock, "I don't think we're yet evolved to the point where we're clever enough to handle a complex situation as climate change."

6 「能源與永續文明」《知識饗宴系列9》，中央研究院出版，2013年。

7 《世界觀：現代年輕人必懂的科學哲學和科學史》（*Worldviews—An Introduction to the History and Philosophy of Science*）理查·迪威特（Richard DeWitt）著，唐澄暐譯，夏日出版，2015年。

8 大英百科對 perspective 的解釋如下："art method of graphically depicting three-dimensional objects and spatial relationships on a two-dimensional plane or on a plane that is shallower than the original."

前言
科學家的世界觀
——科學的世界觀是如何形成的？

　　本書要帶你從「科學的世界觀」認識人類世，然而說明科學的世界觀之前，讓我們先思考，所謂的「科學」是什麼意思？

　　常有人把中國古代製造的渾天儀、地動儀當成科學，也有人把原住民的生活技術當成科學。但所謂的「技術」（technology）和「科學」（science）不盡相同。精確來說，你可以將技術看成源自經驗的發明。科學（science）源自人類理性思維與自然的對話，常常被認為是發自心智的一種以嚴格理性為本的特殊思維，人類藉此發現或發明、創造出抽象的新概念。

　　自150-200萬年前的上古時期開始，人類就展現了敲

打、製作石器的本事。而當現代智人出現在地球演化的舞台，能投射擲遠、製箭矛、設陷阱，狩獵技術大為進步。11,700年前，地球從寒冷的冰期進入了溫暖的「全新世」，智人發展出了農、牧業，文化技術脫胎換骨，地球上第一次有了「文明」。

先民的石器製作從舊石器進入新石器時代，歷經了一次技術的大躍進。其時幾乎每一個族群都發展出各自的新石器技術，有些民族更進一步創造出陶器、青銅、鐵器，他們的文化因此標誌了新材料技術的特徵，也為歷史註記了陶器時代、青銅時代、鐵器時代的文明紀元。建築技術則展現了宏偉的空間想像，從巨石時代起，建築向來都是智人結合技術與藝術的標幟。

文字則是智人另一項心智思維產生的抽象符碼發明，有文字的社會才能創造歷史，產生世界觀。而科學則使得世界觀脫胎換骨、典範轉移。

相較於技術層面的不斷突破，科學思維的原始創造，在人類歷史上只發生了兩次。

第一次是在古希臘雅典時期，大約是西元前600-300年。理性與邏輯率先創造了數學。從畢達格拉斯（Pythagoras, BC 570-495）到歐幾里德（Euclid, -BC 300），《幾何原本》是最出色的成果。書中從寥寥幾個公設衍導出來的平面幾何定理，展現了古希臘最嚴謹的邏輯推理思維。忠於理性，正

是科學最高尚的本質。

　　接著是亞里斯多德（Aristotle, BC 384-322），他致力於自然哲學，思考人與自然界的關係，以及自然界的種種規律。他提出的世界觀主宰了西方歷史兩千年。雖然這些主張的理論內容，現在已經大多被近代科學推翻，但是亞里斯多德提倡的理性觀察和分析方法，尤其對自然、人文所建立的系統學科分類，仍是科學中的經典之作。

　　歷史上第二次的科學思維發跡，發生在16至17世紀的歐洲。在天文、物理學上，科學家們復興了古希臘的理性思考和數學邏輯，並且發明了驗證理論的新數學、新工具和新方法。史稱「科學革命」，使得天文學和物理學都有了全新的科學典範。新科學引生的科技（scientific technology）在最近兩百年成為普世的厚生發明。科技成為工業革命的產物，也成為現代化的象徵。

科學革命開啟了近代科學的世界觀

　　科學革命的先鋒，是被譽為實驗物理之父、近代科學之父的伽利略（Galileo Galilei, 1564-1642），他曾說：

　　第一眼看上去認為不可能的事，有時僅用少許理性的分析或解釋，就可以把遮蔽的掩飾除去，顯露簡單赤裸的真理

之美。[1]

　　伽利略矢志恢復柏拉圖以數學和理性來觀察掌管物體運動的力學，他的信念在這段話中清晰可見。伽利略先是以非直觀的數學描述物體運動中的加速度，並且提出了「地球重力論」。他曾預測在真空中，從高塔受重力落下的鉛球和羽毛將會同時著地，後來經過實驗，果然如他所言。這是依據科學偉大洞見所做的預言。

　　當伽利略發現木星的四顆衛星時，因為與當時相信天上星辰只能環繞地球運行的傳統信仰相悖，就毅然捐棄了教廷及世人眾口鑠金的「地心說」，而決心接受革命性主張「日心說」的觀點。伽利略選擇日心說，是走在極少數人願意嘗試的新世界觀的鋼索上，這樣的主張不見容於當時的教廷，伽利略更因此一度被定罪。

　　關於他最著名的事蹟，他是第一個將望遠鏡指向天空的人類，能夠善用新的工具，觀察新的事物對象，而獲得新的知識，開拓新的心智視野，這正是科學發跡最重要的突破。伽利略也因此被譽為「近代科學之父」。

　　科學革命的精神，是近代科學家選擇站在歷史中具有自然哲學、純粹理性及數學形式邏輯的方法上，學會如何對科學問題設計出工具和實驗，然後努力獲得可驗證之數據和資訊，敘說出有意義、有洞見、可預測的科學結論。

　　牛頓（Isaac Newton, 1643-1727）承繼了這種科學方法和精神，集哥白尼、克卜勒、伽利略以來物理力學之大成。他在1687年出版了《自然哲學的數學原理》，這本書是今世古典物理學的首篇，成就了科學革命的典範轉移[2]。新科學強調的是理論與實證並行，同時也建立了全新的科學世界觀。

　　歷時逾兩百年的科學革命，終於使人類的心智得以突破感官的界限。天文與物理學家的心智視野超越了歷史中帝王與賢哲的親眼所見、親身所歷，打擊了星象術士的幻想和謬論。萬有引力定律的科學知識甚至得以精準預測前人未曾思考，甚至從未經驗、想像的認知範疇。科學不僅能預測天文現象，行星軌跡、天體的運動行為，新科技甚至據以將衛星和宇航飛船發射至太空，精準地環繞目標的軌道飛行。

　　20世紀，人類登陸了月球，如今則把想像力指向登陸火星和其他天體，這種偉大的太空工程成就精準而且確實，正是牛頓力學實際應用的精采範例，也是文明的一大步。

望遠鏡讓人類視野投向宇宙邊際

　　在諸多近代天文物理學術研究的先驅項目中，美國太空總署（NASA）主導的哈伯太空望遠鏡（Hubble Space Telescope）無疑是科學殿堂中的一顆明星。

　　哈伯太空望遠鏡的名稱，是為了紀念主張宇宙仍在膨脹擴張的20世紀美國天文學家艾德溫・哈伯（Edwin Hubble, 1889-1953）。哈伯太空望遠鏡對宇宙的新發現，不僅極具科學啟發性，其產出的影像也往往吸引全世界媒體及普羅大眾的目光焦點。[3] 它的觀測深入宇宙邊際，就像是把視野投入宇宙最初的時間，引領人類遨遊於愛因斯坦的宇宙「時空」（spacetime）。

　　1990年，NASA發射了哈伯太空望遠鏡，將它放置到海拔高達260公里的太空軌道。上面裝置有當時世界最大的光學望遠鏡及各種光學相機。哈伯太空望遠鏡孤獨地踽行於太空，在沒有大氣層的干擾下，毫無保留地將人類的心智視野往宇宙邊際的時空投射。哈伯太空望遠鏡的觀測為人類提供了關鍵的宇宙訊息，也就是更精準地測量宇宙的年紀，讓我們了解宇宙誕生「大霹靂」至今137億年，這個重大科學貢獻，是人類科學文明的一大步！

　　望遠鏡絕不僅僅是一個新的科學工具而已，望遠鏡英文中的「SCOPE」，意思也是「視野」，它不僅延伸了科學家肉眼的視力範圍，也象徵著向所觀測的目標對象投射出觀測者的心智想像。

　　自從伽利略將望遠鏡指向星空，觀測者的心智視野也隨之無限擴展。心智境界的擴展是人類發明科學新工具、新方法的終極意義，而使用科學新工具或新方法時，也要能保有

好奇心，發揮想像力，才能使視野提升。

伽利略的望遠鏡，標示了他領悟到地球不是宇宙中心的心智視野。哈伯太空望遠鏡則以「137億光年的宇宙」，註記了20世紀人類理性的時空視野。

顯微鏡擴展了人類的微觀視野

另一個與伽利略使用望遠鏡相似，但可以說是從相反方向擴展心智視野的例子，是17世紀荷蘭的雷文霍克（Antonie Philips van Leeuwenhoek, 1632-1723）。他改良了顯微鏡，揭開微觀宇宙，將人類的視野指向肉眼視力所不能及的微小世界。

同時期，在學術上常常與牛頓對立的英國皇家科學院博物學家虎克（Robert Hooke, 1635-1703），也在探索微觀世界上踏出了一大步。他在1665年出版的《微觀視界》（*Micrographia*）中，形形色色的發現讓同時代人大開眼界。例如書中手繪的跳蚤圖，這種黑黑小小、來去無蹤的昆蟲高手，有如變型金鋼的後腿可以讓它們一蹬達1英呎高。其力學效益好比一個人一躍達300英呎！

昆蟲學家今天仍不全然清楚關於這種「蚤下目」昆蟲的演化歷史，從今日的電子顯微鏡下觀看這些寄生在各種哺乳動物或鳥類身上的跳蚤，牠們的身體結構、生命週期、生活

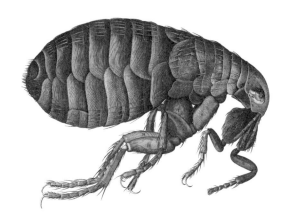

虎克筆下描繪的跳蚤

型態，仍然讓專家們驚歎不已。

　　此外，虎克也在這本書中首創了「細胞」（cell）一詞。細胞是生物體結構和功能的基本單位，能夠研究肉眼難以辨識的細胞，是生物學的一大突破。

　　顯微研究為人類開啟了另一扇心智之窗。代表人類科學視野的空間尺度不僅延伸向百億光年（10^{10} m）遙遠的星際與浩瀚的宏觀宇宙，也能往內指向微米（10^{-6} m）或奈米（10^{-9} m）的微生物和分子、原子的微觀世界。

新思想與新知識論萌芽

望遠鏡和顯微鏡的先後問世，擴展了科學家對廣袤宇宙和細微世界新的想像，也帶來了新的理論與世界觀。

在傳統的人類世界中，永恆和無限是不可能的經驗，只有在神祇的國度才被允許存在。從猶太教、基督教、天主教和回教，包括古希臘的宇宙觀，都是以地球為中心。上帝以天頂蒼穹為邊際，設下了空間的界限。

但到了17世紀，英國哲士霍布斯（Thomas Hobbes, 1588-1679）的機械哲學產生了新的階層，他認為宇宙是大型的機械體，遵照物理學的基本律則運行。這種把宇宙視為機械的看法，打破了先人對於宇宙的認知，而將星辰的世界臣服在物理力學的統治下，依規循理而行。

而在思考方法與看待知識的態度上，17世紀理性主義抬頭，理性分析與實證方法的結合，也踏出了科學思考的新方向。 培 根（Francis Bacon, 1561-1626） 和 笛 卡 兒（René Descartes, 1596- 1650）是此時期的代表人物。1605年，培根曾針對科學行為表示：

沒有比尋求真理更適合我的工作。有足夠敏感廣識的心靈，能看穿萬物的同；足夠堅定穩固的心志，分辨諸事細微的異；以上蒼賦予的探索慾望，以堅毅的懷疑，喜愛靜思冥

想，不急於定論，隨時思考，謹慎取捨，不固守舊習，也不盲從於新奇，且立志憎惡虛假。[4]

笛卡兒則針對真理的探究說：

如果真想成為真理的追求者，一生中至少要有一次對一切事物存疑的經驗，而且懷疑得越深遠越好。[5]

直到今天，這樣的批判思考與精神仍然可以作為從事科學研究者的典範思維。

近代化學揮別鍊金術

物理的力學觀點滿足了人類對機械宇宙運作和活動的想像。但是17世紀時，科學家對物質組成的知識，仍然走不出鍊金術的迷宮。

牛頓對重力和萬有引力的研究，圓滿地闡釋了物質世界中機械力學運作的律則，是第一位以系統科學和數學了解物理的先知。但是牛頓在晚年時，因為認為鍊金術可以引向心靈世界的奧祕而沈迷其中。他成篇累牘未曾發表的鍊金術研究手稿，顯示了牛頓投注其上巨大的精力，卻似乎不得其門而入。

　　其時，物質科學的革命大纛跟隨著文藝復興和宗教改革的步伐，如同照亮知識黎明的一道曙光，已經悄悄浮現，只是當時大多數的世人仍在夢鄉沉睡。

　　與牛頓同時代，英國的波以耳（Robert Boyle, 1627-1691）基於牛頓的物理成就，也接受了當時盛行的微粒論（corpusculariarism）的洗禮。他相信物質世界是由不同的基本「元素」組成，不同的元素各有不同的微粒。其排列、集合、重組、分解造成了世界多樣、形變的繁複面貌。

　　這是非常先進的物質概念，波以耳甚至確立了以簡易有序、可以設計、理解，能重複執行的實驗，奠立了對科學研究做詳實紀錄、而且可以重覆檢驗結果的實驗方法。

　　可惜，波以耳仍然不能在實驗上釐清元素的真偽，也無法在實驗中切實區辨元素和化合物。而當時，貝雪（Johann Joachim Becher, 1635-1682）主張物質在燃燒時會釋放出「燃素」（phlogiston）到周遭環境的其他物質中。科學界大多篤信空泛的燃素是導致燃燒現象的原因，可是從來沒有人能證明燃素的存在。也無法解釋為甚麼硫（S）和磷（P）的燃燒產物重量會增加，而含碳酸鈣（$CaCO_3$）的礦渣的燃燒，產物的重量卻減少。

　　對於物質性質的變化，波以耳也無法捐棄鍊金術的窠臼，他甚至在布蘭德（Hennig Brand, 1630-1710）發現了白磷後，將其當作「哲人之石」（philosopher's stone）狂熱地

探索其奧祕（哲人石就是《哈利波特》書中所謂的魔法石）。鍊金術士長久傳說哲人之石和任何物質接觸，都會將其變成最純粹的成分，甚至能使生命不朽。

波以耳迷失在偽科學、形上學及宗教混淆的鍊金術幻夢中無法自拔。他雖然在1661年出版了劃時代的《懷疑的化學家》，企圖以化學（chemistry）的新觀念取代傳統的鍊金術（alchemy），可是缺乏臨門一腳的突破。

直到18世紀的拉瓦節（Antoine Lavoisier, 1743- 1794），才真正領銜揮別了鍊金術的幻境，推翻燃素論與四元素說，在實驗室中樹立了化學實質操作的意義，以「元素」純物質作為物質的基本成分，直奔近代化學的康莊大道。

拉瓦節與道爾頓創立了元素與原子組成物質的世界觀

拉瓦節在1789年出版的第一本近代化學教科書《化學原論》中，根據當代能重複實驗之具體可靠的結果，整理出32個元素。（雖然並非完全正確，譬如「卡路里」也被當成熱質元素。）

他確立元素就是不能再由化學反應分解出新物質的純物質（substance），還依照伯齊里斯（Jons Berzelius, 1779-1848）建議的英文元素符號，有系統地替化合物命名。化合物就是

由兩種或兩種以上的元素結合成的純物質。從此，要稱一個東西為純物質，就必須提出固定不變，且經得起檢驗的成分組成。（這就打斷了一群實驗混混的後路！）

　　燃燒，這個從古至今迷幻、眩惑、震懾、驚恐了無數人的神奇現象，長期陷於「燃素」的迷思中。英國的普里斯利（Joseph Priestley, 1733-1804）先發現了用聚焦的太陽光加熱分解三仙丹（HgO）會產生一種新氣體和金屬色澤的汞，他以為這種不同於空氣的新氣體是「去燃素的空氣」。在空氣中燃燒汞，又會產生紅色的三仙丹。這些反應似乎正符合貝雪的燃素論。

　　然而，拉瓦節卻認清了這種新氣體是一種新元素，他將其命名為「氧」（oxygen）。氧才是造成燃燒反應的關鍵元素物質。他簡潔明瞭地說明了快速放熱的「燃燒」過程，就是可燃物質與氧氣結合的劇烈化學反應。

　　根據實驗，拉瓦節分析歸納出物質的組成，得知將水電解可以分出氫和氧兩種元素；而空氣主要含有氮和氧兩種元素；火是物質與氧進行劇烈燃燒反應的現象；土是由各種各樣的化合物及元素混合而成。這就徹底推翻了兩千年來古希臘亞里斯多德主張世界由氣、水、火、土組成的四元素說。

　　此外，他還根據自己鉅細靡遺的實驗數據，提出一切化學反應皆遵守質量守恆定律，也就是化學反應前後，反應物與生成物的總質量總是相同。

　　拉瓦節憑著實驗室中誠實精準的證據，捐棄了歷時愈逾千年的鍊金術、燃素論和四元素說，成為將化學整理在正確現代理論下的化學革命第一人。就像牛頓是系統地認識物理學的先知，拉瓦節正是第一位以系統理論了解化學的先知！

　　自17世紀以降，化學家大多承襲了機械哲學的世界觀。到了18世紀末，幾乎所有有見識的化學家，都接受了拉瓦節以元素為基本物質成分的化學原理。很不幸地，拉瓦節後來被羅織對人民不法納稅的罪名，在1794年被送上了斷頭台。數學家拉格朗日惋惜地說：「他們瞬間就砍下一顆頭，卻是再一百年也生不出來的！」[6]

　　拉瓦節去世後未滿十年，英國的教師道耳吞（John Dalton, 1766-1844）在1803年發表了「原子論」。他根據定比（Definite proportion）和倍比（Multiple proportion）實驗，主張「相同的元素由相同的原子組成，不同的元素由不同的原子組成，化學反應是物質原子間的重新排列組合」。

　　我們身處的世界是原子組成的，這個劃時代的洞見，完全跳脫了鍊金素認為元素可以相互轉換的錯謬概念。科學界中的化學研究就此門扉大開，踏上了正途。不過直到20世紀初，世界是由原子組成的概念，才終於成為普世的科學知識。美國著名的物理學家費曼（Richard Feynman, 1918-1988）曾說：「人類如果只留下一句話來傳遞最豐富資訊的科學知識，那就應該是『**萬物是由原子組成**』。」[7]

　　為什麼近代科學家可以接受人類眼睛無法目睹的原子作為科學和世界觀的基礎呢？新科學思維認為：真知識在於理性的心智對宏觀與微觀的現象創造可驗證的觀點，而不再倚賴眼見的事物。眼見之物可以欺騙我們的感官，就像魔術與幻術會矇蔽我們的理性，反而未必全然真實。

　　物理是從萬象中尋其一理；化學是從一理中究其萬象。於是物理學與化學兩門新的核心物質科學，攜手啟發了人類對物質世界的認知，在19、20世紀又進一步結合了演化、遺傳及生物學而建立生命科學和現代醫學，也催生了結合地質、氣候、地理、海洋的地球科學、環境科學，這些新學科共同建構、締造了自然界物質與生命的全新世界觀。

科學時代，福焉？禍焉？現代科學的省思

　　現代科學突破了昔日政治、宗教的詮釋，或歷史、玄學……的經驗傳統，撇棄了各種沒有證據、各說各話的謬思玄想。太陽系知識的建立是基於力學模型，而不再倚賴宗教信仰。日心說有了望遠鏡觀星證據的支持，還有數學演算的證據。科學是一種特殊思考方式，經常違背人類的直觀，訴求嚴格運用理性，遵從數學邏輯的本質，力求可驗證之方法、途徑，並精準預測尚未發生的經驗。

　　在科學萌芽初期，各種崇高的科學成就塑造了科學家出

世的清流形象。而當國家開始設立大學和研究機構，大型企業成立研發單位，開始有制度地養成並且聘用科學人才，容許以科學研究做為謀生工具，科學家就成了一批擁有艱深知識特權的中產階級，科學工作者也成為新時代的專門職業。

然而，或許是由於近代科學獨尊理性、屏棄感性的思考特質，使其逐漸開始與人文分道。從科學革命到 20 世紀，科學發展出一種重理性輕感性、重驗證輕直觀、重邏輯推理輕感官經驗、重事實論證輕憑空推論的特質，再加上 20 世紀學科（subject discipline）的分途林立。今天的世界知識公民缺乏科學、人文統合的整全世界觀（wholistic worldview），跨領域的素養也常嫌不足。

這些雖然未必完全是科學家單方的責任，但科學成為壟斷的事業，許多科學家汲汲於生產知識、發表論文，卻忽略了有智慧創見的洞見，才是科學初心所尋求的目標。此外，科學社群也為自己打造象牙高塔，發展出獨有的語文體系，與世隔絕，造成普羅大眾幾乎無法逾越的知識斷崖和阻絕他人的高牆。此外，由於歷史社會結構的男性中心文化，即使到了 21 世紀，女性科學家仍然在科學社群中屬於絕對少數，其成就經常為人所忽視。

除了科學學界內部的問題，科學引生了科技，20 世紀的科技大爆發結合了資本主義經濟和自由市場，改善了民生，使得世界人口遽增。人類的物質生活固然大為改善，但人口

爆炸、物質掛帥也導致了能源危機、環境危機、生態危機，以及病毒危機、糧食危機、世界大戰、貧富不均、社會解構……許許多多的自然和文明的困境、難題也應勢而生。

　　「人類世」的困境，是否也是地球上科學世界觀演化的盲點？

注釋

1　Quote Gallileo "Facts which at first seem improbable will, even on scant explanation, drop the cloak which has hidden them and stand forth in naked and simple beauty."

2　科學哲學家孔恩（Thomas Kuhn）在其著作中提出：16-17世紀一連串科學事件造成典範轉換，而促成了科學革命。

3　*Hubble Legacy, 30 years of Discoveries and Images*, Jim Bell, Kindle Edition, 2021, Sterling.

4　Quote Francis Bacon "As for myself, I found that I was fitted for nothing so well as for the study of Truth; as having a mind nimble and versatile enough to catch the resemblances of things...and at the same time steady enough to fix and distinguish their subtler differences; as being gifted by nature with desire to seek, patience to doubt, fondness to meditate, slowness to assert, readiness to consider, carefulness to dispose and set in order; and as being a man that neither affects what is new nor admires what is old, and that hates every kind of imposture."

5　Quote René Descartes "If you would be a real seeker after truth, it is necessary that at least once in your life you doubt, as far as possible, all things."

6 Quote Lagrange "Il ne leur a fallu qu'un moment pour faire tomber cette tête, et cent années peut-être ne suffiront pas pour en reproduire une semblable." ("It took them only an instant to cut off this head, and one hundred years might not suffice to reproduce its like.")

7 Quote Feyman "If, in some cataclysm, all of scientific knowledge were to be destroyed, and only one sentence passed on to the next generations of creatures, what statement would contain the most information in the fewest words? I believe it is the atomic hypothesis（or atomic fact, or whatever you wish to call it）that all things are made of atoms..."

第 1 章

科學家如何看宇宙時空

科學家如何知道宇宙有138億年？

你是否聽過浪漫主義作曲家布魯克納（Anton Bruckner）的《第七號交響曲》？它如同宇宙行者穿越過夜空，樂音寂寥卻澎湃，抬舉我們的心扉。天行者總難免有著孤獨的情懷，但是能歷人所未歷，邀遊宇宙洪荒的心志既高且狂，令人不禁心生嚮往。

如果你也是個愛星人，可也曾想像過宇宙究竟有多大？又存在了多久呢？

我們位在宇宙的何處？

唐朝詩人李白心目中「永結無情游，相期邈雲漢」的銀河，如今不過是廣大宇宙億萬星系（galaxy）中的一個。然而儘管到了20世紀，人類已經確知自己身處於銀河系，仍然「身在廬山中」。要清楚明白太陽系在銀河系內的詳細位址，並不是簡單的事。

銀河系

在銀河系中，起碼有數千億（10^{11}）顆本身會發光的恆星，太陽系只是其中之一。銀河中除了恆星，還有恆星各自所屬的行星，總質量大約是 5.8×10^{11} 太陽質量。1個太陽質量就是天文學的標準量 1.9891×10^{30} 公斤。

銀河的構造並不像是一條長長的河，而是像個圓盤，由

四條渦輪狀的大旋臂構成，其外圍邊界到中心的半徑，約在數十萬光年之譜，整個圓盤的厚度，約有數百到數千光年。銀河中心的直徑約一萬光年，在圓盤上下呈現鼓起狀。最核心處是一個超大黑洞，估計約有4.1百萬個太陽質量。

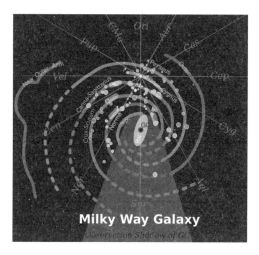

銀河有四條渦輪狀的大旋臂

　　太陽系位於銀河系邊緣，在銀河系第三旋臂一個名為「獵戶臂」的支臂上。獵戶臂大約3500光年寬，10,000光年長。從地球上看銀河，就像一抹黯淡的拱型白暈。

　　大部分銀河星系質量所在的圓盤形銀河平面跨越蒼穹，整個平面在天頂上跨越了30個星座，銀河中心位於人馬座，也就是射手座的位置。北面齊仙后座，南面臨南十字座。太

陽到銀河中心的距離約30,000光年，地球公轉軌道的黃道
面，則與銀河系的圓盤平面形成約62度角。

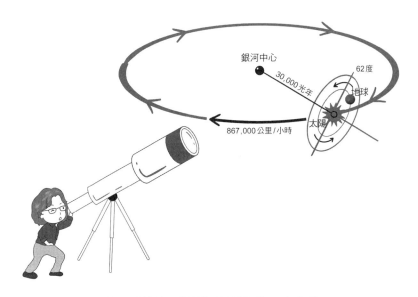

銀河中心

62度

30,000光年

地球

867,000公里/小時

太陽

太陽系黃道面與銀河平面形成62度夾角
（繪圖：Becky Chen）

因為銀河平面與地球赤道面和黃道面的夾角都是高度傾
斜，所以拱型的銀河在夜間不同的時間，以及每年的不同時
期，會出現在地平線高低不同的兩個位置。在地球的北緯65
度和南緯65度之間，每晚銀河可以兩次越過蒼穹，在沒有光
害的地方，天文愛星者可以很方便地觀測這徘徊於天際的璀
璨光華。

自從艾德溫・哈伯在1912年開創了星際的科學觀測工作，銀河外星系天文學就成了炙手可熱的研究領域。銀河之外，大約有逾千億個星系。以「本星系群」為主，這組星系群包含大約超過50個星系，覆蓋了一塊直徑大約1000萬光年的區域。其質心位於銀河系和仙女座星系之間的某處。其中有三大子群，就是銀河星系、仙女座星系、三角座星系，它們各自有屬於自己的龐大行星、衛星星系。三角座星系是本星系群中的第三大星系子群，距離地球約300萬光年，長久以來是肉眼可見的最遙遠天體。其他星系成員的質量都遠小於這三大子群。

最新的天文預測在距今37億5千萬年後，仙女座和銀河兩大星系將難逃重力牽引以致相撞的命運。這不會是唯一的一次碰撞，兩個在時空中相互做物理震盪的天體在51億年後又將回頭撞在一起。[1] 到了那時，太陽系可能已經不存在了。

如果你有朋友從銀河系外寄明信片給你，你應該請他寄到拉尼亞凱雅超星系團（Laniakea Supercluster），本星系群（Local group）銀河系（Milky Way Galaxy），獵戶臂（Orion Arm）古爾德帶（Gould Belt），太陽系（Solar system）地球（第三顆行星）。不過來信請早勿延宕！

宇宙的年紀有多老？

　　人類自古仰望星空，將銀河當成宇宙的邊際。一直到了
20世紀，才終於知道我們正是身處銀河之中，且銀河系更是
天外有天。

　　1990年，哈伯太空望遠鏡觀測告訴我們宇宙有137億
年，而近年新的測量，又告訴我們宇宙的年紀有138億年？
這是如何得知的？這1億年的差別又有什麼意義？

大霹靂與膨脹中的宇宙

　　對於宇宙的生成，科學家今天所知最好的理論就是「大
霹靂」。這個理論認為：我們的宇宙是在一次驚天爆炸之後
快速地膨脹，經過了138億年的時光，現在仍然是加速地向
四面八方遠離地球。

　　如果將時光回溯，大霹靂正是在一個所謂的「時空奇
點」發生了震古鑠今、開天闢地的大爆炸。時空奇點有極高
的溫度和密度，所以爆炸的那一剎那（嚴格來說，以現在的
物理學定律估計），從 10^{-36} 秒開始，大約在 $10^{-33} \sim 10^{-32}$ 秒之
間，宇宙就像一個熱氣球般瞬間炸開。

　　大霹靂當然不像女媧開天這類傳說故事，而是經過觀測
與計算的科學理論。哈伯在1924年開始觀測、探討銀河系外
的星系時，發現遠方星系的紅外線退移的頻率，與地球探測

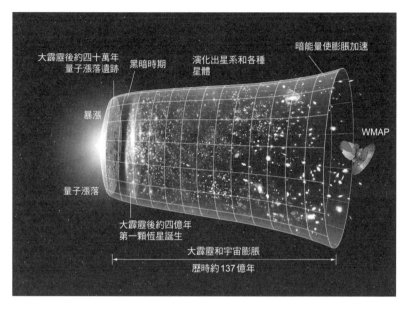

大霹靂後約四十萬年
量子漲落遺跡　　黑暗時期　　演化出星系和各種
　　　　　　　　　　　　　　　星體　　　　暗能量使膨脹加速

暴漲

WMAP

量子漲落

大霹靂後約四億年
第一顆恆星誕生

大霹靂和宇宙膨脹

歷時約137億年

大霹靂和膨脹中的宇宙模型

　的系外星系距離有著規律的正比關係，換言之，離我們愈遠
的星系，遠離我們的速度愈快，這就是現在著名的哈伯—勒
梅特定律[2]。

　　這種現象好比是一輛快速行駛的救護車，當它離我們越
來越遠，呼嘯的笛聲會從尖銳轉為越來越低沉，這就是所謂
的都卜勒效應（Doppler effect）。不同的是遠處星系發出的
是紅外光波而不是聲波。哈伯據以推論：我們的宇宙仍然在
進行「永恆膨脹」。證實了在他之前，比利時的天文學家勒

梅特（Georges Henri Joseph Édouard Lemaître, 1894-1966）首先所提出的宇宙在膨脹的假設。

哈伯在宇宙學上的發現，是歷史上最了不起的天文觀測成就。他開啟了「觀測宇宙學」和「銀河系外星系」的研究領域，成為觀測天文學中的第一人。哈伯—勒梅特定律被認為是宇宙時空尺度在擴展的第一個觀測依據。換句話說，就是宇宙永恆膨脹模型的第一個證據，今天更經常被援引為支持大霹靂理論的第一個關鍵證據。

哈伯望遠鏡如何測得宇宙有 137 億年？

科學家當然無法回到137億年前去觀察大爆炸，但是卻可以驗證宇宙中爆炸留下的痕跡，進一步去建立宇宙膨脹的模型。

1990年，美國太空總署（NASA）將哈伯太空望遠鏡射入了太空，哈伯太空望遠鏡的光學望遠鏡有一個直徑2.5公尺的凸面鏡，是當時的歷史上設計過鏡面最大、功能最多，而且能夠停留在太空的望遠鏡。四個主要影像裝備的測量光線波長之範圍，涵蓋了紫外光、可見光、近紅外光、紅外光區。

哈伯太空望遠鏡被放置在地球外的低軌道上運轉，因為遠離了對流層和平流層的大氣干擾，對於探測深遠外太空影像的解析度極佳，可以看到更遠的星系，是地表任何光學望

遠鏡所不能及。甚至連宇宙邊際的星系，也逃不過哈伯太空望遠鏡的法眼，對了解宇宙的演化過程幫助極大。

　　哈伯太空望遠鏡最初的主要任務之一是測量室女座星系團中造父變星（Cepheid Variable）的精確距離。造父變星是非常明亮的恆星，但是從地球觀察，光度會有起伏變化。其變光的光度和脈動週期有著很強的關聯性，是建立銀河和銀河外星系距離標尺的可靠「標準燭光」。因此就可獲得較精準的哈伯─勒梅特定律中哈伯常數的數值。

　　在哈伯太空望遠鏡之前，最好的哈伯常數測量也有±50%的誤差值，估計出來的宇宙年紀是100-200億年。而哈伯太空望遠鏡免除了大氣層的影響，從宇宙邊際的星光估計得到的宇宙年紀是137億年，可以將誤差值降到±10%。此外，哈伯太空望遠鏡也與地面的望遠鏡共同觀察到宇宙還在「加速膨脹」的證據，促成了「暗能量」理論的發展。

　　哈伯太空望遠鏡在剛射入太空時，曾因為主鏡放置不當，科學家在1993年特地派了一艘太空梭去將主鏡調整對位。此外，哈伯太空望遠鏡共接受過五次維修、設備升級或儀器替換的「手術任務」。

　　歐洲太空總署（ESA）和NASA共用計畫中的紅外線詹姆士偉伯太空望遠鏡（James Webb Space Telescope, JWST）將要接手哈伯太空望遠鏡的太空任務。詹姆士偉伯太空望遠鏡擁有一個直徑6.5公尺，分割成18面鏡片的主鏡，已於2021

年的耶誕節升空，放置於太陽與地球的第二拉格朗日點[3]。但是哈伯太空望遠鏡預計還可以繼續服務到2030-2040年。

微波背景輻射測得宇宙的壽命有 138 億年

根據大霹靂理論，物理學家進一步推測：宇宙可能曾經處於一個密度和溫度都極高的狀態。怎麼證明呢？根據黑體輻射（black-body radiation）的模型，在一個封閉的腔體中有熱源，腔體內就會有對應的電磁輻射分布。因此在大爆炸冷卻後，也可能有殘留的「背景輻射」。

貝爾電話公司的彭齊亞斯（Arno Penzias, 1933-）和威爾遜（Robert Wilson, 1936-）從20世紀40年代開始，就用輻射望遠鏡尋找恆星和星系之間是否有大爆炸殘留的遺跡。1964年，他們意外地以早期通訊衛星設計的天線，收到來自天空均勻且不隨時間變化的訊號，因而找到了「宇宙微波背景」，這是一種充滿整個宇宙的電磁輻射。其能量特徵和凱氏絕對溫標2.725 K的黑體輻射相當，代表宇宙微波輻射確實是一個幾近完美的黑體輻射，根據計算，這個熱度大約是在宇宙38萬年時，被刻在宇宙星空的「布幔」上。

根據普朗克定律，電磁波譜在一個波長的範圍中呈現一個分布狀態，而微波光譜的最大強度正落在微波區域。「宇宙微波背景」就是大霹靂之後宇宙中爆炸仍然殘餘的輻射熱正好在微波範圍，是大霹靂理論又一個最佳的證據。彭齊亞

斯和威爾遜因此於1978年共同獲得諾貝爾物理獎。

2001年，美國太空總署的哥達（Goddart）太空飛行中心和普林斯頓大學合作，在美國著名的觀測天文物理學家班尼特教授（Charles L. Bennett, 1956-）領軍下發射了一枚「微波各向異性探測太空船」（Microwave Anisotropy Probe, 簡稱MAP），目標就是偵測宇宙微波背景的溫度差。

2003年，MAP更名為WMAP來紀念大衛·威金森（David Wilkinson, 1935-2002）。威金森是WMAP計畫的前身「宇宙背景探測計畫」（COBE）的主要貢獻者。WMAP在2001到2010年間，進行了10年的宇宙微波背景測量工作。

2009年，歐洲太空總署（ESA）發射了普朗克太空船，接替WMAP的任務。到2015年為止，獲得的數據再透過各種繁複的計算，最終計算出宇宙的生命有137.99 ± 0.21億年，這次實驗的誤差範圍只有約2.1千萬年，大幅降低到$\pm 0.15\%$，這就是宇宙壽命為138億年的由來。

簡言之，有了宇宙大霹靂理論後，觀察到宇宙的膨脹是第一個證據。哈伯—勒梅特定律靠著哈伯太空望遠鏡的觀察，獲知了宇宙有137億年的壽命，誤差為$\pm 10\%$。宇宙微波背景是大霹靂的另一個證據。WMAP及普朗克太空船的觀察提供了138億年的新數據，誤差大幅下降到僅有$\pm 0.15\%$。科學的前進是根據一步步的理論、觀察、新工具發明，並不斷產出測量的新方法，產生更新、更準確的數據。整個過程

是一步一腳印，毫不取巧。

現今人類認識的宇宙

宇宙的主要組成成分，科學家目前還不完全清楚。在著名的愛因斯坦質—能等價的基礎下，用現在的宇宙學知識來描述，宇宙中有72%是暗能量（dark energy）；23%是暗物質（dark matter），這兩種東西使用「暗」字，表示就是尚未詳知的範疇。此外只有4.9%是地球上了解的普通尋常物質，譬如氫元素，大多是以氫原子的狀態存在，約佔75%；氦原子佔了23%；氧元素約有1%；碳元素約有0.5%。

2020年7月，司隆數位巡天（Sloan Digital Sky Survey, SDSS）計畫發表了一張自2000年起以20年的時間建構出有史以來規模最大、最完整、多色彩顯像的三度空間宇宙圖。這個計畫以新墨西哥州的司隆基金會望遠鏡，包含了特殊的振動光譜搜巡裝置（extended Baryon Oscillation Spectroscopic Survey, eBOSS），觀測對象涵蓋了數以百萬計的星系，測量了大量星系的紅位移，其中溯及一些宇宙最早的年代，包括了上百億光年的宇宙膨脹歷史，並發現不同區域的膨脹速率並不盡相同。

這張宇宙圖將為暗物質與暗能量的進一步研究，提供新的里程碑，令人期待。[4]

從天文學到宇宙學

　　21世紀的「宇宙學」絕對是最夯的新興科學領域之一，不僅小說中的外星人、宇宙奇航、星際大戰層出不窮，熱門的科學研究如黑洞或火星殖民探險等，都能成為好萊塢電影的腳本。甚至像是希格斯粒子（Higgs boson）、重力波（gravitational wave）這類艱澀物理概念，你都可能在新聞報章的頭版頭條上看到。這些科學課題不只受到學術界矚目，也是一般民眾不分老小，都會感到好奇有趣，激發想像的學問。

　　從人類第一次仰望星空，到今日對宇宙的探索，其實走過一趟漫長的旅程。

上古天文學的起源

　　宇宙學源自天文學和理論物理學。天文學起源甚早，古代巴比倫人就有觀測星空的行為，歷史上除了美索不達米亞，幾乎所有的古文明，包含埃及、波斯、中國、印度、中美洲都有觀星紀錄。這些民族各自發展出了自己的曆法和宇宙觀，這是最早的觀星成就。

　　肉眼觀測是早期天文學唯一的方法，先是追蹤太陽、月亮及恆星相對於地球的運動，後來也發展出對於行星運動的觀測。星象學對於個人、民族、王國或世界運勢的推算也隨

之而起。

　　古希臘接續巴比倫人的天文研究，能夠認識月蝕，他們曾經估算日月的大小和距離，並提出日心論。相對於古希臘人的世界觀很早就認知了大地是一個球體，東方的中國在明朝輸入西學之前，向來認為地是方的、平的。

　　亞里斯多德的物理學和宇宙觀雖然已經知道大地是一個圓球，但是普遍認為地心是宇宙的中心。無限宇宙的空間沒有邊界，星辰、太陽、月亮和行星都是正球體，並且是永恆的存在。所有天上的星辰，都是沿著正圓形的軌道繞著地球在運行。亞里斯多德的理論影響歐洲文明長達兩千年，直到中世紀的科學革命時期，才有新的世界觀出現。

　　在地心論的時代，第一個能夠以數學詳細描述天文現象的就是第二世紀的托勒密（Claudius Ptolemy, 100-170 ADE）。他是住在埃及亞歷山卓的希臘數學家，也是天文學家、星象家和地理學家。

　　亞歷山卓人文薈萃，是當時世界的文化中心。大約在西元二世紀中葉，托勒密完成了《至大論》，這部巨著包含了13冊書，他用數學非常仔細地描述了地心說的太陽、月亮及行星的天文現象和運動軌跡。

　　《至大論》中最有名的學說，就是使用了均輪（deferent）和本輪（epicycle）的概念。均輪是大圓周，本輪是在均輪上運動的小圓周。行星除了會繞著地心公轉，還

會繞著公轉的軌道以圓形軌跡運轉。雖然複雜，卻可以用數學解釋行星的逆行，就是行星繞行軌跡逆向而行的現象。

　　中世紀的天文學則以伊斯蘭世界的天文觀測最為蓬勃，1006年爆發的超新星SN 1006是歷史記載中視星等最高的天體事件，東西方的天文觀測都有詳細的記載。

從哥白尼到伽利略

　　到了歐洲文藝復興的時代，1543年，哥白尼在臨終前發表了《天體運行論》，主張地動說，認為太陽才是宇宙的中心。1609年，克卜勒用拉丁文發表了《新天文學》，其中包含了對火星十年研究的紀錄，是歷史上最重要的天文書之一。尤其是關於行星運動定律的數學，由於克卜勒是站在天文學家第谷（Tycho Brahe, 1546-1601）無人能出其右的精準觀星紀錄上做研究，他得以史上第一次跳脫托勒密地心說的概念，以數學分析法提供了行星簡單的橢圓形繞日的運動軌跡，而不再需要均輪和本輪的複雜設計。

　　伽利略利用望遠鏡觀察月亮時，發現月球就像地球一般，有高山、有坑洞。當時的人都相信月球是光滑的正球體。但伽利略的觀測並非如此，因此，他對柏拉圖和亞里斯多德認為「天體都是完美球體」的說法發生了懷疑。

　　1610年，伽利略觀察到環繞木星運行的四顆衛星，進而發現「星星只環繞地球旋轉」的理論並不正確，就大膽地一

腳把亞里斯多德的地心說踢入冷宮。雖然教廷挾著宗教、政治的勢力全力護教、反對日心說，但是科學革命之火已經形成燎原之勢，無法回頭了。

伽利略是天文學家也是物理學家，他先是對亞里斯多德諸多物理概念、尤其是運動力學的謬誤提出了批駁糾正。1632年，他出版了《關於（托勒密和哥白尼）兩大世界體系的對話》，結果卻受到天主教教廷的排斥與審判，遭判為異端。書籍被查封，人被軟禁，而且不准他再著作。

伽利略在物理上的貢獻，被後人譽為「現代物理學之父」、「科學方法之父」，愛因斯坦稱他為「近代科學之父」，霍金則說：自然科學的誕生要歸功於伽利略。

伽利略受審判三百年後的1979年，梵諦岡教廷終於洗刷了他的冤屈，這場科學與宗教之間的戰爭終於落幕。但整整歷時四百年，伽利略和他的科學才獲得平反。

牛頓的宇宙學

克卜勒數學定律背後的物理原理，是由牛頓解決的。牛頓結合了數學和物理，不僅用數學證明了物理理論，也用物理原理導出數學定律，樹立了物理學內在與外顯的本質。科學革命使得天文學有了物理的基礎，與星象學分道揚鑣，把星象學打入偽科學。

牛頓被譽為近代科學中的第一人。他的《自然哲學的數

學原理》除了被視為物理學中最重要的著作，也是天文物理的第一塊最醒目的房角石，更可說是宇宙學的濫觴。

自從牛頓發現了三稜鏡的分光現象，到19世紀光譜學的發現，使近代天文學家能夠藉著無遠弗屆的電磁波，準確地測量遙遠恆星和星系的成分。20世紀，觀測天文學的工具愈發精進，涵蓋了無線電、紅外線、可見光、紫外線、X光及伽馬射線天文學等。天文學有了望遠鏡和光譜儀等重要科學工具，又得到數學和物理學的加持，促使18世紀以後的天文學家如雨後春筍，人才輩出。

愛因斯坦的世界觀

愛因斯坦（Albert Einstein, 1879-1955）是與生俱來的明星物理學家。他在沒有學術機構支持的環境中，在專利公司的工作之餘，於1917年發表了《廣義相對論的宇宙學考量》的論文。時空四度空間座標的數學與時空彎曲的力學理論，不僅改變了牛頓力學，也為宇宙學提供了新的理論基礎。

愛因斯坦簡直就是一個來自未來的科學人！他提出的理論包括時空彎曲、光速恆定、光子和量子、光行進可受重力而彎曲、質能等價互變、宇宙常數、甚至重力波……等。許多概念在發表時，仍然是未獲得實驗證實的假說，當時世界上能讀懂他的論文的人更是寥寥無幾，但是其影響之深遠，已經在牛頓之後又掀起了新的物理典範變革。

　　早期愛因斯坦的理論也提供了宇宙膨脹模型的可能性，但是他自己仍相信一個穩定恆常的宇宙。1923年，哈伯觀測仙女座星系的超新星，發現遠處的星系是在遠離我們，而獲得了宇宙膨脹的證據。愛因斯坦也據此結果修正了他的方程式和宇宙常數。據說愛因斯坦因此認為早期為了獲得穩定宇宙模型，擅自修改自己的宇宙常數，是他一生中所犯最後悔的錯誤。

　　或許也是一種巧合，20世紀的20年代，幾位物理學家如薛丁格（Erwin Schrödinger, 1887-1961）、海森堡（Werner Heisenberg, 1901-1976）、狄拉克（Paul Dirac, 1902-1984）及波爾（Niels Bohr, 1885- 1962）等不約而同的發展出20世紀最重要的物理──量子力學。

　　早先普朗克在研究黑體輻射時，於1900年提出了能量的量子化，就是能量（ΔE）與電磁輻射的頻率（ν）成正比的關係（比例常數稱為普朗克常數）[5]。愛因斯坦承襲了這種想法，於1905年提出了光電效應（photoelectric effect）。他用電磁波打到金屬靶上有如「能量包」的撞擊，可以用實驗測得金屬靶所釋出電子的動能與電磁能量包的關係。愛因斯坦因此獲得了1921年的諾貝爾物理獎。

　　同時在光波模型之外，他主張光有「光子」的性質也逐漸被世人接受。波動─粒子二元的量子力學模型於是帶動了理論物理基本粒子研究的起飛。而基本粒子的行為，正是宇

宙學大霹靂最初爆炸前與爆炸發生時的範疇。

愛因斯坦雖未涉足量子力學，卻對近代的宇宙學提供了莫大的啟發與先見！

宇宙學最新發展

粒子碰撞實驗的發展日趨成熟。1954年，歐洲核子物理研究中心（CERN）成立；1962年，史丹福線性加速器中心（SLAC）成立。這些發展都對次原子基本粒子的行為提供了實驗證據，尤其是對大霹靂初期的瞭解帶來許多貢獻。二戰後，有超過30個諾貝爾物理獎落在這些領域。宇宙學也因而異軍突起、大放異彩。

天文物理和宇宙學在21世紀絕對是顯學。光是諾貝爾獎就包括了：

- 2002年，偵測宇宙微中子和發現宇宙X-射線源。
- 2006年，宇宙微波背景輻射的偵測
- 2011年，發現宇宙加速膨脹
- 2017年，雷射干涉引力波天文台（LIGO）觀測重力波
- 2019 年，宇宙演化與偵測系外行星
- 2020年，黑洞的理論與發現

這些諾貝爾獎得獎人共有16位。而宇宙學大師史蒂芬‧

霍金（Stephen Hawking, 1942-2018）雖與諾貝爾獎擦肩而過，卻是宇宙學界最知名的學者與最出色的黑洞理論家。霍金對黑洞和外星人的看法都超乎常人，例如他認為尋找外星人是很笨的計畫，人類會因好奇害死自己，他也不傾向接受單一宇宙的論述，也不認為永恆膨脹是不變的真理。他甚至認同「多元宇宙」（multiverse）的新理論，將無限膨脹設定在時間開始的臨界點上，宇宙零時，那才是一切時空的邊際！

對兒童而言，黑洞就像恐龍一般吸引人，可以引發無限的想像。許多廣受歡迎的好萊塢電影如《星際大戰》、《星艦迷航記》，甚至《X戰警：金鋼狼》與漫威英雄系列，都可以看到宇宙學的影子。甚至引起科學界的迴響，一度促成破天荒的科學家與影迷觀眾的對話。

宇宙學打破了物理學深藏於象牙塔的印象。科學家、宗教界和普羅大眾同感好奇。宇宙除了時空邊際遙不可及，在人們心靈中幻想遐思的創意也是無限延伸。

短暫的人類世，面對138億年的宇宙，其意義顯然不在於時間長短的比較。在地球的生命何其有幸能夠認識如此廣袤的時空，我們又該以什麼樣的生活態度，去回應浩瀚宇宙的永恆與永續？

省思：何謂偽科學？

雖然在今日的大多數地方，已經已經沒有往昔政教威權的介入壓迫，但從某方面來說，科學在傳播給大眾時面對的困難，並沒有結束。主要原因是：科學的理論發展，往往不是一戰功成，需要漸次探索，而這就給了偽科學許多攪擾的空間。

「偽科學」與「信仰」或「科學」之間，究竟有什麼差別？大體而言，科學是理性在前，信心在後；信仰則是信心在前，悟性在後。然而兩者都遵循誠實的遊戲規則。偽科學則是經常有利益的滲入。

科學遵守的準則，是將任何新發現都視為新證據，隨著新證據的出現，就必須作理論的修正。科學允許同儕的嚴格檢視，也歡迎批判。所有的科學結果都必須經得起檢驗，所有的測量都必須儘可能地確實；也絕不虛誇科學自身的用途。

偽科學剛好相反，觀念僵化固定；拒絕同儕的檢視，把批評看成是找碴作對。沒有可以重複驗證的結果，草率量測，好處卻說得天花亂墜。更糟糕的是為了名利，經常任意進行不嚴謹的發表，博人視聽，訛人錢財。

舉例而言，宇宙學的發展已經是日新月異，但是今天世界上利用星座與命運、命理斂財的人仍然比比皆是。這些人

輕忽困難的科學知識，卻依靠其市場利益果腹，欺世盜名，愚弄世人。科學謹守自己的分際，不踰界線一步；偽科學卻肆意利用用灰色地帶，大弄玄虛。

也有許多偽科學的題材淪為政客操弄政策虛構的理由，尤其是濫用統計數字或是無根據的邏輯推論，利用非科學的理由製造出謊言說法，無非是為了私人利益或虛名。

今天的科學雖然未必完全代表真理，但是必須可以理解，且經得起檢驗。科學鼓勵想像與創意，但是仍然服膺證據與邏輯推理；科學嚮往自由、抗拒威權，但仍尊重社會的共識價值，並持守人類基本的倫理道德。

在學習科學的過程中，若只是記誦一些科學發現的事實，一味地跟隨「標準答案」，而不能發展出理性的慎思明辨，培養發揮科學方法、科學態度、科學精神的核心價值，科學學習就不能算是成功。愛因斯坦曾說「想像力比知識更重要」，[6] 這也是台灣的科學教育應該嚴正反省之處。

在這個傳播快速的時代，大眾很容易輕易屈從、相信非科學的說法或喜好，身為現代社會公民，我們有義務分辨偽科學的障眼煙霧，釐清真相。科學家更當挺身而出，擔當公益的清流砥柱。

注釋

1　*Scientific American*, December 2021, pp24-31.

2　哈伯—勒梅特定律（Hubble-Lemaitre Law）就是「哈伯定律」，指遙遠星系的退行速度與它們和地球的距離成正比。以方程式表示；$\nu = H_0 D$，其中，ν 是由紅移現象測得的星系遠離速率，H_0 是「哈伯常數」，D 是星系與觀察者之間的距離。

3　拉格朗日點（Lagrangian point），就是數學衍生的兩個互相環繞天體之外的第三個物體的平動點。

4　*Scientific American*, May 2021, pp30-37.

5　普朗克常數，$h = 6.626 \times 10^{-34}$ m^{2}Kgs^{-1}。

6　"Imagination is more important than knowledge. For knowledge is limited to all we now know and understand, while imagination embraces the entire world, and all there ever will be to know and understand."

第 2 章

從探索太陽系到太空旅行

人類世殖民太空的目標為何？

　　夏夜清涼如水，天上的星多如繁螢，在雲隙中閃閃熠熠。時過午夜，從望遠鏡望向南方的天空，在鏡頭裡可以清晰地看見銀河和如滿月的木星，以及木星周圍的四顆明亮衛星，令人想起英國作曲家霍爾斯特（Gustav Theodore Holst）的《行星組曲》。科學與藝術交織歌頌木星顯現的真理與雄偉，猶如理性意識與感性心靈的共鳴。

人類如何認識太陽系？

　　太陽系在歷史上很早就有觀星的記載，由於行星有逆行的現象，崇尚地心說世界觀的希臘人就稱其為 planetes，就是「漂泊之星」（wanderers）的意思。

　　早期對太陽系的觀察，許多與星象學有關。星象學將金、木、水、火、土星加上日、月共七星，星辰的位置與一些金屬，如金、銀、銅、鐵、鋅、鉛、汞對應，就有了命運、健康、財勢、官位……的連結。後來，星象學又與鍊金術理論結合，增加了許多穿鑿附會的想法，其迷思與迷信如此持續了兩千年之久，直到今日。

　　從地心說到日心說，人類對太陽系的理解邁出了一大步，今天的科學家對太陽系已經並非一無所知。不過，太陽系的實際形成過程，目前仍是尚未完全解開的謎。

太陽系的形成與前世今生

　　和其他恆星系比較，太陽系的中心是一顆不算太大的恆星，也就是被世代的人們頌讚、頂禮膜拜的太陽。

　　恆星是怎麼出現的？大霹靂之後，宇宙中的主要生成的元素是氫與氦。氣雲因重力吸引坍縮引發氫融合反應，就可能形成恆星。

　　一個形成星系的恆星，生命可能不只一世。最先的恆星中心由高溫核融合反應形成較重的元素。巨恆星老化時就轉變成紅巨星，快速進行核燃燒。產生新的元素，死亡時發生爆炸就是超新星（supernova），會將新元素散佈至四周。小的恆星死亡時，則坍縮冷卻成白矮星，那時候太陽將變大，最接近的繞日行星將是火星，還有四顆外行星。屆時，地球可能難逃被吞噬的命運。

　　歷史上記載的恆星爆炸與超新星誕生，可以追溯到西元1054年所觀察到的巨蟹星雲，它應該就是一顆紅巨星爆炸引發生成的超新星。超新星帶有各種重元素，有機會形成新世代的恆星，也就可能形成行星，組成新的恆星系。太陽系應該是有超新星的前世！但太陽系的行星是如何形成，仍然有待進一步研究。以下簡介一些重要的理論。

行星形成的星雲假說

第一次有人用「太陽系」（Solar system）一詞，是在1704年。而在1734年，史偉登伯格（Emanuel Swedenborg, 1688-1772）發表了第一個「星雲假說」，是最早有人提出試圖解釋太陽系形成的理論。

特別的是，史偉登伯格的信仰有神祕主義的傾向，後半生都在追求信仰的屬靈經驗（spiritual experiences）。從這一點也可看出，科學的世界觀和人文的世界觀都是出自人性。並非要完全執著於科學的觀點，才能對於太陽系有所認知。

德國的理性哲學家康德（Immanuel Kant, 1724-1804）是啟蒙運動的核心思想人物，著有《屬天的宇宙自然史和理論》、《純粹理性批判》、《實際理性批判》。他在1755年發表的著作中，對星雲理論做了進一步擴展。法國的拉普拉斯（Pierre Laplace，1749－1827）則是獨自在1796年提出了他的星雲假說來解釋行星起源。他是國際知名的數學家，對天體力學和數學有極大貢獻，著有《宇宙系統論》。

這些早期的星雲假說（Nebular Hypothesis）假設：行星是從一個緩慢旋轉的太陽雲氣中凝結出來的。但是因為太陽缺少角動量，行星佔了99%的角動量，這種差異極為懸殊的角動量分布，導致遵信古典力學的天文學家普遍都不接受星雲假說，發明電磁學的麥克斯威爾（James Clerk Maxwell, 1831-1879）還對此假說做了嚴厲的批評，認為如此旋轉的

雲氣很難凝結出固體的行星。

原行星盤雲理論的發展

一度被視為不值一哂的星雲假說，到了近代卻成為浴火鳳凰，得以復生。關鍵因素在於新的太陽系星雲盤模型（solar nebular disk model, SNDM）的出現。

這個模型描述：太陽周圍的氣體和灰塵會形成一個環繞太陽自轉的旋流吸積盤（accretion disk），約在超過45億年前經過「吸積」的過程，吸積是天體通過引力的「吸引」和「積累」周圍物質的過程。其中心的重力會不斷地將物質拉進去，而從雲氣演化成石質行星。

當太陽系的核心大到一定的程度，氫原子就開始融合成氦原子，釋放的巨大能量會積聚足夠的物質形成太陽。其餘的部分就成為扁平的「原行星吸積盤」（protoplanetary accretion disk），距離較遠的自轉圓盤物質也會積聚成團、彼此撞擊，形成更大的物體。有些物體大到相當的程度，重力會將其形塑成球，依其質量大小分別形成行星、矮行星或是衛星。其他的小天體則留在小行星帶中，比較小的就是隕石、彗星、流星等的圓形盤。

太陽系的初期，能耐熱的岩石距離太陽中心較近，形成內圈的石質行星；而冰、水、氣體可能離中心較遠，形成了氣質行星及其衛星。

　　太陽系的星雲盤模型，是前蘇聯天文學家維克多・沙弗洛諾夫（Viktor Sergeevich Safronov, 1917-1999）在他1969年出版的《原行星盤雲的演化及地球和行星的形成》[1]中提出的概念。他先解決了許多科學家困惑的問題，最重要的是提出了一群微行星會積聚成大的原行星盤雲體（protoplanetary disc cloud）。原行星盤主要來自氫分子的分子雲，質量或密度達到臨界值，就會坍縮形成太陽星雲，再演化發展出石質行星。

　　1972年，沙弗洛諾夫的著作被翻譯成英文，使他的理論影響更為普及深遠。美國的理論天文學家喬治・威舍理爾（George Wetherill, 1925-2006）受到沙弗洛諾夫的啟發，針對雲團的演化和微行星群的吸積（accretion）過程做了理論計算，結果對行星的雲團獲得了一些符合預測的性質。他發現計算結果顯示：微行星群的吸積作用的確可以形成石質行星。他的結論後來被其他天文學家證明與觀測的結果十分相符。

　　威舍理爾的計算方法也被用在估計行星大氣中的同位素豐度，發現這個方法對尋找系外行星也很有效。現在，太陽系星雲盤模型不僅使用在太陽系行星形成的研究，也被用於在宇宙中發現系外行星。但無論如何，即使真是經過原行星盤而形成石質行星，要達到適居的條件，其機率還是極為難得。

當我們看了越多別的恆星系，不僅更加幫助認識我們行星的源頭和過去，也讓我們瞥見自己的未來。太陽還有約50-60億年的壽命，當然，前章所述的仙女星系和銀河系若果真相撞，太陽系將可能更早面臨毀滅。

姑且先不擔心從長遠時間的角度看來，自然將注定無法超越遭焚燒毀滅的命運；即便是在不遠的未來，從地球文明發展的角度來看，人類究竟能否與自然共享長久的永續，也尚屬未知之天。

從隕石認識太陽系

前面提過，太陽系最重要的問題之一，就是行星究竟如何形成？除了從理論上去了解，還可以從合適物件的組成上去探究。

要想了解太陽系形成的過程，找到和太陽系一樣久遠的物質是最佳的途徑。在太陽系內，球粒隕石（chondrite）正是代表了最古老的固態材料之一，是與太陽系形成同時期的石質成分，專家普遍認為它們就是形成石質行星的建築基塊。

在墜落地球的隕石中，球粒隕石是最主要的類型，根據統計，有超過85.7-86.2%都是屬於球粒隕石。不同於另一種「鐵隕石」，這些球粒隕石的母體可能是未經過熔融或行星分化，而且未經過質變的材料。其中尤其有一種碳質球粒隕

石（carbonaceous chondrite）只佔墜落隕石的4.6%。分析其中的元素豐度，會發現與太陽大氣成分的元素豐度非常相似。少部分隕石中仍然含有機物質和水，表示它們未曾經過高溫的環境。

因為只有約十分之一的小行星具有碳質球粒隕石，而大部分的彗星卻都含有此成分。科學家在墨西哥的希克蘇魯伯的隕石坑中找到大量的碳質球粒隕石，從而推論：造成第五次大滅絕及恐龍消失的原因，極可能與一顆夠大的彗星撞上地球而導致「衝擊性寒冬」的事件，有著直接的關係。

從物質的成分來看，行星明顯源於恆星，但是行星形成的過程仍有太多不清楚的地方，主要原因是我們尚無法直接觀察到正在形成過程中的行星。有幾種碳質球粒隕石含有高比例的水和有機物，包括氨基酸。研究球粒隕石，或許可以了解太陽系的起源、形成及年齡，還有有機物質的合成過程，甚至如生命的起源、水的存在和分布等問題。

隕石球粒（chondrule）是在球粒隕石中發現的極微小的球形小顆粒。隕石球粒可能是熔融或部分熔融的物質掉落在太空中被其母體小行星經由吸積作用之前所形成的。不過也有人認為球粒隕石和隕石球粒是在受熱的條件下同時形成。

針對隕石球粒的化學分析，可以進一步幫助我們了解小行星及石質行星的形成過程。隕石球粒分析顯示其主要成分含有氧、矽、鎂、鐵等元素，與小行星及石質行星的地殼成

分十分相近。太陽系與行星的形成過程必然經歷了高溫，當高溫冷卻時，蘊含多種元素的太陽系，就提供了化合物生成的契機。

地質學利用適當放射元素（radioactive element）蛻變的半生期計算時間的方法，也可以用在估算宇宙及太陽系的年紀。太陽中元素的相對存量豐度與宇宙中的成分頗為相似，將隕石中長半生期的放射元素的含量與紅巨星中的含量相比，相當於是將太陽系中現有的元素量與形成初始的元素量拿來比較，如此藉著半生期的計算，可得出宇宙的年紀約為140億年，與現實偵測所得頗為相符。

同樣地，將隕石球粒中長半生期放射元素及其蛻變後的子元素含量相比，則可以估計太陽系的年紀大約為46億年。地質學的技術可以作為天文測量的參考，表示天上與地下的物理和化學是一貫的運作準則。

如何估算行星有多重？

太陽系的八顆行星中，內行星從距離太陽依序由近至遠的行星有水星（Mercury）、金星（Venus）、地球（The Earth）、火星（Mars），都是石質行星。屬於外行星的木星（Jupiter）、土星（Saturn）、天王星（Uranus）、海王星（Neptune）都是氣質行星。這種分布似乎顯示太陽系在形成初期有氣、固態分離的現象。

表 2-1 行星的性質

行星	半徑 （10^8公分）	體積 （10^{26}立方公分）	質量 （10^{27}公克）	密度 （公克/立方公分）
水星	2.44	0.61	0.33	5.42
金星	6.05	9.30	4.90	5.25
地球	6.38	10.90	6.00	5.52
火星	3.40	1.60	0.64	3.94
木星	71.90	15,560	1,900	1.31
土星	60.20	9,130	570	0.69
天王星	25.40	690	88	1.31
海王星	24.75	635	103	1.67

（繪圖：Becky Chen）

　　比較太陽系行星的半徑和體積，四顆氣質行星明顯比四顆石質行星大很多。最大的木星比最小的水星，體積要超過25,500倍。如果比質量，則會發現最大的木星比最小的水星要超過5,700倍。

　　但是若比密度，石質行星的密度就要比氣質行星大。譬如地球是木星的4.2倍，是土星的8倍。

　　小行星帶的質量總合比水星還小很多，其中穀神星貢獻了約佔三分之一。

　　計算行星和天體的質量，是天文物理中必要的功課。行星與其衛星的相互運動的週期與行星的質量有關，換言之，

由衛星繞行星公轉的週期，就可以推算出行星的質量[2]。地球是太陽系的第三顆行星，距離太陽150百萬公里，質量是5.972×10^{24}公斤。地球的兩個鄰居：內圈的金星距太陽0.7天文單位，0.815地球質量，外圈的火星距太陽1.5天文單位，0.107地球質量。

關於測量地球質量的歷史，最早可追溯到研究地震的英國牧師米歇爾（John Michell, 1724-1793）發明了一個扭秤裝置（torsion balance），藉著測量與地球的萬有引力來測量地球質量。結果實驗沒有成功。他的裝置後來轉了手，最後由英國發現氫氣的化學家，也是物理學家卡文迪西（Henry Cavendish, 1731-1810）取得。

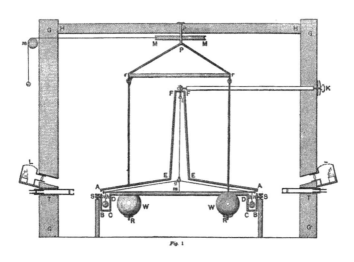

卡文迪西實驗的扭秤裝置

卡文迪西是個性格古怪的人，但擁有十分優異的實驗本事和科學熱誠，他操作實驗的精密度在當時首屈一指，無人能出其右！他修復了扭秤，於1797-1798年仔細地執行了米歇爾的實驗，後來稱為「卡文迪西實驗」。他的實驗得出地球密度是水的 5.448 ± 0.033 倍，還進一步計算了萬有引力常數，以國際單位制表示為 $G = 6.74 \times 10^{-11}$ m^{3}Kg^{-1}s^{-2}。

水星和金星沒有衛星，必須利用較複雜的計算，考慮周圍行星引力對軌道擾動的影響來估算行星質量，這些天文數據都可以靠著牛頓力學計算出來。

利用這些方法，人類在20世紀末終於第一次發現了銀河系中太陽系以外的「系外行星」（exoplanet）。21世紀，系外行星的發現如雨後春筍，目前已知有四千多顆，在適居系外行星方面也有新的發現。

太陽系的組成

今天科學家眼中的太陽系，除了木星以外，其他行星與太陽的質量中心（mass center）都幾乎落在太陽質心的附近。八顆行星布陳在幾乎同一平面、接近圓形的橢圓軌道上。而且此平面也剛好是太陽的赤道面，以同方向繞著太陽公轉。

太陽系的架構顯示：它可能是從一個以太陽為中心的圓

盤演化而成。八顆行星共有165顆已知的衛星，另外還有五顆矮行星，分別是穀神星（Ceres）、冥王星（Pluto），以及2005年發現的鳥神星（Makemake）、鬩神星（Eris）和妊神星（136108 Haumea）。矮行星也可以有衛星。此外還有數十億的天體，如隕石、古柏帶、彗星、流星、行星際塵雲。

太陽系由八顆行星、矮行星及小行星帶、古柏帶的天體所組成。

火星與木星之間有小行星帶（Asteroid belt）。位於海王星軌道之外的古柏帶（Kuiper Belt）又稱作倫納德─古柏帶，包含小天體或太陽系形成時的遺跡。距離太陽50 AU，（AU是天文單位的簡寫，50 AU就是地球到太陽距離的50倍）。古柏帶的天體布陳接近黃道面（行星的公轉面），範圍比小行星帶大很多，有20倍寬，質量則為小行星帶的20-200倍。

近距離探測太陽系天體

　　人類真正認清行星是環繞著太陽在運轉，是在科學革命之後。而科學家認識八顆行星的歷史過程，也是峰迴路轉。

　　前面提過，伽利略在 1610 年用望遠鏡發現了木星有四顆衛星，進而領悟到天上竟然有星體環繞著地球以外的星星運行，完全違背了當時認為天上一切星辰只能環繞地球運轉的普世信仰。伽利略認為「地心說」不再是真理。只是礙於天主教教廷的立場，不便公然明說。而與伽利略同時的馬里烏斯（Simon Marius, 1573-1625）也獨立發現了木星有四大衛星。

　　同年，伽利略又用望遠鏡觀察了火星、金星和土星，和它們掠過太陽前方時發生掩星「相位」（phase）的運行軌跡。對於位在地球的觀測者而言，相位是太陽－天體－地球之間的夾角。定期的掩日過程，證明了這些行星都是在繞日而行。伽利略也觀察了水星，可惜他未能看到水星的掩星相位。

　　以伽利略用望遠鏡提供的觀星證據為基礎，哥白尼的「日心說」終於將地心說取而代之。而克卜勒的計算數據，則簡明地描述了地球也是以近圓的橢圓軌道繞著太陽運行的「行星」。從此，地球不再被科學家認為是宇宙的中心。

　　第七顆行星是天王星，可以用裸眼觀測，但是因為它的

光度黯淡，繞行速度又十分緩慢，在古代未被發現。直到天文學家赫歇爾（Frederick William Herschel, 1738-1822）在1774年造了一台大望遠鏡，1781年才首次用這台望遠鏡發現了天王星。

太陽系的最後一顆行星是海王星，其發現的過程也最具戲劇性，是由天文學家利用天王星軌道的攝動進行數學計算來預測，因此是不以有計畫的傳統觀測法所發現的唯一行星。其實1612年伽利略曾經在觀測中提到過海王星，可惜他並沒有繼續研究，最終失之交臂。

1846年，法國的天文學教師勒維葉（Urbain Jean Joseph Le Verrier, 1811-1877）想用數學計算天王星對海王星的克卜勒—牛頓軌道造成的擾動誤差，卻找不到同袍支持。最終，他憑著自己的天文熱忱，獨立完成了海王星位置的推算。他的計算預測了海王星的軌跡，而在幾個月後，就有人觀測到海王星，發現海王星與勒維葉的計算預測相差不到1度！再次體現了科學的視野、能力及真實、正確、精準的本質。

科學家對於使用望遠鏡遠距觀測行星並不滿足。20世紀的二戰後，火箭和遙控技術愈趨成熟。將探測器送到天體附近的太空進行近距離探測，成為可能的技術，讓科學家可以對遙遠的天體做更近、更細緻清晰的觀察和測量。

太陽系內的探測，行星和衛星永遠是主要的對象。因為距離不算過遠，目標顯著，軌跡明確，有了牛頓力學的加

持，太陽系的天體探測在太空探險中將格外方便可行。

千里共嬋娟：月球

月亮是地球唯一的一顆衛星，它距離地球的平均距離是38萬4千公里（36.2-40.5萬km），月球半徑約1,737公里，大約是地球的四分之一。是太陽系的第五大衛星，僅次於四大木衛和土衛泰坦。在太陽系的組合中，以地球的大小而言，月亮也可算是相對而言最大的衛星了。

月球自轉週期與公轉相同，為27.3天。從地球上只能看到固定的一面。所以月球和地球就像兩個面對面拉著雙手轉圈，不會分開的夥伴。

偌大的一顆衛星在周圍環繞，當然對地球就有相當明顯的影響。希臘時期就有很多人研究月亮，能預測月蝕的時間，知道明亮的月色來自太陽光的反射，月球的盈虧會影響潮汐的漲落。中國則以月球的盈虧與四季節氣結合，訂定曆法，稱為「陰曆」，陰曆的時序律動到今天仍然受到農民重視。

月亮與地球的關係十分密切，尤其在文化上，月亮出現在人類的文學、戲劇、詩詞歌賦、藝術、音樂……月光之下總是予人靜謐、浪漫、情感充沛的氣氛。除了春節過年之外，中秋節也是一大佳節。倒是登月計畫可能打破了華人對嫦娥、玉兔、吳剛伐桂的遐思。

　　中國自2007年起到2020年，經由嫦娥1-5號探月計畫，登陸月球的背面，積極為載人登陸月球計畫鋪路。美國的NASA也有重新登陸月球的打算，以現今的工程技術，大家都想建設月球基地，開發礦藏與觀光資源，並且作為登陸火星的中繼站，屆時不免又有一番太空的國際角力。

　　要建立月球基地，水是不可或缺的資源。根據NASA稍在2000年對月表含水成分分析的研究，光譜分析無法確定月岩中所含的是氫氧基團（-OH）還是水分子（H_2O）。在2020年，NASA宣布月球的向光面的岩石中含水量不算少，雖然與撒哈拉沙漠相較也不算多。因為這些「水合態」的水分子，也就是月岩分子晶格中的水分子，廣泛地分布在月表的岩石砂粒中，在月表無水的環境中，仍然是可觀的水資源。

火星搜祕

　　紅色的火星，自古就被東、西方的觀星者不約而同地視為「戰神之星」。它的名稱「Mars」就是取自羅馬神話中的戰神。

　　火星是最早被懷疑除了地球之外有生命居住的行星，也是最早送無人太空船登陸探測的行星。人類對「火星人」向來就有諸多聯想，火星上有許多小丘陵的地區，其中的塞東尼亞桌山群（Cydonia on Mars）分成三個區域，有複雜的峽

谷群地形。

　　塞東尼亞桌山群由於有一個很像人臉的的「火星人臉」和金字塔的「結構」，一直被相信是某個古君王的臉部塑像，而且和地球金字塔的文明有關。使得不僅科學家對火星感興趣，還引發大眾對「火星王國」的傳聞。

　　火星的諸多傳聞中，最荒唐的可能就是1938年萬聖夜，美國電影導演歐生‧威爾斯（Orson Welles）在美國CBS廣播公司的「水星劇場」這個節目中，口述了一段改編英國科幻小說《世界大戰》的廣播劇，其中包含了「火星人入侵」的情節。沒想到竟然有不少聽眾信以為真，還造成了社會恐慌事件。

　　火星探測是NASA繼登月計畫之後，逾半世紀太空行動的焦點。目標是企圖登陸這個離我們最近，與地球又有諸多相似之處的行星，甚至考慮長期居住並且在上面殖民。

　　1964年，NASA發射「水手4號」，這是第一個近距離成功飛越火星的太空探測器，並拍下火星表面的近距離照，揭開了火星人臉和金字塔的神祕面紗。雖然在1967年失去聯絡，但水手4號的軌道器之後仍運行了8年，並且繼續送回相片。

　　俄國人的蘇維埃火星3號也不遑多讓，於1971年就成功登陸火星。是第一個軟著陸火星表面的人造機器，可惜登陸14秒後，裝置就失去了偵測功能。

1975年，NASA又發射維京人1號和2號（Viking 1 & 2）繞行火星探測，發現塞東尼亞桌山群的自然地形，徹底破解了火星人臉是某一君王塑像的長久迷思，維京人1號在1976年進入火星軌道後，成功登陸火星表面，是NASA最早成功登陸火星的探測器，在火星表面送回了清晰的相片。後來，維京人1號因為錯誤訊息於1982年失聯，維京人2號則於1980年電池失效後失聯。

到了20世紀末，成功登陸火星、並在火星表面展開漫遊探測任務的，是1997年的火星拓荒者號（Mars Pathfinder）。而到AI人工智慧的技術出現後，在2004年有精神號（Spirit）和機會號（Opportunity）相繼登陸了火星，分別執行任務到2010年和2018年。最新的火星行動，包括了NASA的堅毅號探測車（Perseverance Rover）和獨創號（Ingenuity）無人機在2021年2月登陸成功，目前正在進行探測火星生命的任務。

此外，中國發射的天問1號（Tienwen 1）則是載著祝融號（Zurong Rover）探測車，也於2021年5月成功登陸了火星，它們隨時仍有訊息回傳地球。

近來的重大新發現，是火星地表曾經有過大量的水，甚至發生過洪泛。這麼多的水現在到哪兒去了？地球表面的水已經存在了約40億年，也是生命起源的重要關鍵。火星既然不是絕對無水的環境，火星生命的存在與否，便成為當前科

學家急於想知道答案的問題。

探測木星

木星是太陽系中最大的行星，直徑差太陽一個數量級，質量是太陽的千分之一。木星的質量超過了所有太陽系行星的總和。如此大的質量，使得木星與太陽的質量中心與太陽的距離是太陽半徑的 1.07 倍，就是唯一質心落在太陽外部的行星。換句話說，木星不是繞著太陽轉，而是太陽和木星「牽著手」繞質心轉。木星的位置接近小行星帶，也吸引了許多逸出軌道的小行星隕石，避免其撞上地球，減少了地球遭逢巨大災難的機會。

在組成上，木星大氣層的上層成分的體積百分比大約 90% 是氫，10% 是氦，木星大氣層的質量比大約 75% 是氫，24% 是氦，木星內部大約 71% 是氫，24% 是氦。據說木星可能錯過了太陽系成為「雙太陽」的機會，而形成了一顆行星。

目前已知木星有 79 顆衛星。其中靠近內側有四顆特別大。從靠近木星的內圈數起依序為：木衛一，名為伊奧（Io）、木衛二，又名歐羅巴（Europa）、木衛三，又名蓋尼米德（Ganymede）、木衛四，又叫卡利斯托（Callisto）。這四顆由伽利略最早發現的衛星，又稱為「伽利略四大衛星」。

　　最早成功探測木星的兩個無人太空探測器，是1972年發射的先鋒10號（Pioneer 10）和1973年發射的先鋒11號（Pioneer 11）。前者在1973年很難得地穿越了小行星帶，飛進木星周圍，近距離探測木星，確認了木星基本上是一顆巨大的液態行星。

　　之後，先鋒10號成為第一個經過冥王星軌道的人造物，然後飛往金牛座畢宿五的方向。後者於1974年沿著類似的路徑探測木星後，是第一個靠木星引力甩出轉向，繼續探測土星之旅的探測器。它在1979年探測了土星環，然後飛向水瓶座的方向。

　　這兩個探測器分別於2003、1995年失聯，目前估計其距離太陽系應該都超過了100個天文單位（AU），就是地球到太陽距離的100倍。

　　美國NASA還在1977年連續發射了兩顆探測外太陽系的無人衛星：航行者1號和2號（Voyger 1 & 2）。航行者1號曾在1979年飛越木星，觀測了衛星伊奧上的活火山，接著於1980年接近土星和土衛六泰坦。泰坦由荷蘭的惠更斯（Christiaan Huygens, 1629-1695）在1655年所發現，是土星最大的衛星，也是太陽系中的第二大衛星。

　　NASA第一個深入環繞木星探測的太空船是伽利略號（Galileo）。1989年發射，1995年進入了木星軌道，執行了8年的軌道探測任務，2003年墜毀於木星。

伽利略號最大的發現，是歐羅巴衛星冰層覆蓋的表面之下有一個全球的海洋。蓋尼米德和卡利斯托可能也有液態的鹹水層，前者還有一般衛星所沒有的磁場。此外，還發現木星大氣有多次巨大的風暴。

新疆界計畫（New Frontiers program）任務二的朱諾號（Juno）在2011年發射，於2016年進入了木星的極軌道（polar orbit），20個月後脫離極軌道進入木星大氣層。「Juno」有雙重的含義，一取名自羅馬神話朱庇特天神的妻子，她可以看穿朱庇特所造的雲霧，了解祂的行為；同時JUNO也是JUpiter Near polar Orbiter（木星近極區軌道）的字首縮寫。

2018年，NASA決定延長朱諾號的任務，預計2020年要飛越木衛二歐羅巴，任務探測器將要登陸歐羅巴衛星，軌道機則環繞木星繼續進行偵測。木衛二主要由矽酸鹽岩石構成，並具有水─冰結構的地殼，另可能有一個鐵─鎳核心；有稀薄的大氣層，含有氧氣成分，這些足以孕育生命的條件，使得木衛二成為太空探險的重要目標。

尋跡土星及其他外行星

土星是在木星之外的最大行星，最特殊的就是其外圍的美麗星環。星環的組成大部分是冰塊，少部分是石塊，還有微塵。土星至少有82個衛星，還不包括上百個星環中的「小

航行者1號偵測了泰坦的大氣層、氣候、磁場，還有複雜的土星環。2012年，它成為第一個飛越磁性太陽圈的人造物，正式越過了太陽系的邊際，進入星際之旅。

航行者2號除了探測木星和土星，還藉著行星排成一列的機會，分別在1986和1989年造訪了天王星和海王星。到目前為止，它仍然是僅有的曾經造訪天王星和海王星的太空探測器。2018年，航行者2號以相對於太陽超過55,000公里/小時的速度飛出了太陽系。

赫歇爾在1781年最初觀測天王星時，因為星光黯淡，還以為它是一顆彗星，差點兒失之交臂。天王星跟土星一樣也有星環，目前天文學家已知其有27顆衛星。海王星已知有14顆衛星，它是一顆遙遠孤獨的行星。自發現迄今也只有航行者2號曾經拜訪過。

在距離發射超過44年後的今天（2022），航行者1號和2號仍在繼續飛行，地球上沒有任何其他東西比航行者1號和2號飛得更遠，它們依然在穩定地送回訊號，執行著探測太陽圈的外緣和星際空間的任務。根據它們對周邊環境的探測資訊顯示，星際空間有如大海，時而平靜，時而波濤洶湧，並非空無一物，令人產生無盡的想像。[3]

探蹤冥王星

新視野號（New Horizon）是NASA於2006年發射的一個外行星和天體的太空探測器。其主要任務是探索冥王星及古柏帶的幾個天體。

2006年1月19日，新視野號出發時以有史以來最快的速度飛行，當它的引擎關閉時，每秒的速度有16.26公里。2007年飛越木星時，利用其重力，每秒又增加了4公里。

新視野號先經過了小行星帶的132524小行星（132524 APL），飛越時測得此小行星直徑為2.3公里。2015年飛抵了冥王星，探測歷程足足長達半年多。這麼長的時間，足以讓新視野號了解冥王星的大氣、地表、地質和內部組成。

冥王星的繞日軌道與黃道面夾角有17度，其繞日週期長達約248年！

冥王星的發現也是一波三折。1906年，波士頓的富豪羅威爾（Percival Lowell）在美國亞利桑納州建立了羅威爾天文台，目的是為了要找尋所謂的「第九行星X」。1916年羅威爾逝世，他的遺孀又尋找了十年。1929年，天文台長斯里佛（Vesto Melvin Slipher）下令23歲的新人譚堡（Clyde William Tambaugh, 1906-1997）接手這份工作。譚堡以驚人的圖像比對能力，在1930年2月8日宣稱發現了行星X，於是冥王星（Pluto）成為了第九大行星。

九大行星的紀錄寫進了全世界兒童的教科書，但在20世

紀末，有人提出疑義，認為冥王星不能算是行星。因為2005年在古柏帶找到的鬩神星比冥王星還稍大，到了2006年，天文界終於確認冥王星屬於「矮行星」。

歷史上最早發現的矮行星是穀神星（Ceres），在1801年被皮亞齊（Giuseppe Piazzi, 1746-1826）發現時也被誤當成行星，1850年代終於確認為是一顆矮行星。它的位置就在木星和火星之間的小行星帶，後來在相同的軌跡方向發現了越來越多的小行星。

新視野號探測冥王星後，繼續其飛往古柏帶的探險旅程。太陽風遇到星際介質阻擋而停止的邊際稱為太陽層頂。由理論預測，太陽層頂之外有一層熱的氫氣牆。2018年，新視野號確認了航行者1號和2號於1992年所發現太陽系外緣的氫牆（hydrogen wall）。

2019年，新視野號經過了最早由哈伯太空望遠鏡發現的486958小行星（486958 Arrokoth），它屬於古柏帶天體，由兩個21公里和15公里的小行星連體在一起，所以暱稱為「終極背包」（Ultima Thule）。2019年1月，新視野剛好飛越終極背包的側面，量得直徑有45公里，然後新視野號也飛離了太陽系。

人類世向太空殖民

　　自從牛頓在17世紀吹響了科學革命初勝的號角，牛頓力學展現了其對天文學及太空工程的精準計算、預測。工業革命接著在18世紀風起雲湧。此後的科學與科技究竟是如何發展？隨著進入人類世，帶著殖民基因的人類又是如何驅策科學與科技的演化？

阿波羅登月計畫

　　史普尼克計畫（Sputnik）意為「旅行伴侶」，是前蘇聯一系列的人造衛星計畫，史普尼克一號是人類第一次送到太空的的人造物體。

　　自從蘇聯在1957年成功發射第一枚人造衛星進入太空軌道，美蘇冷戰就延伸到了外太空。美國總統艾森豪在1958年下令成立了美國太空總署（NASA），後來的總統甘迺迪下令急起直追的任務，就是送太空人登陸月球。

　　20世紀最令人矚目的太空成就，可說就是NASA的阿波羅載人登月計畫（Projects Apollo），這是NASA迄今執行最龐大的月球探測計畫。在1961-1972年期間，他們執行了一系列載人太空任務，主要目標是完成載人登陸月球和安全返回地球。從阿波羅4號到阿波羅17號，在1967-1972年間，NASA緊鑼密鼓地先完成了無人飛行、載人飛行及繞月計

畫。

　　從今天的眼光回顧20世紀60年代的載人太空計畫，不由得不讚嘆NASA科學家的成就與這些太空人的膽識。他們沒有手機通訊、沒有個人電腦、沒有彩色視訊、沒有AI、僅靠手腦計算太空艙降落在無邊無際的海洋中。還有NASA的地面指揮聯繫團隊，如此龐大且參與人數眾多的計畫，其工程技術在高速飛行下，必須格外精準，稍有毫釐之差就將造成無以挽回的悲劇。

　　終於，人類第一次登陸月球的一大步，在1969年7月20日出現，阿波羅11號由柯林斯（Michael Collins, 1930-）領軍，尼爾·阿姆斯壯（Neil Armstrong, 1930-2012）和巴斯·阿德林（Buzz Aldrin, 1930-）先後踏上了月球，開創了人類登陸天體的歷史。

　　還記得那時我剛進入大學，全家聚在黑白電視機面前觀看登陸月球全球轉播。外婆是清朝末年出生，還裹過小腳。在觀看轉播時不停地嘖嘖稱奇，還一直問真的是上了月亮嗎？真的沒有嫦娥嗎？我體會到了一個新時代的來臨，科學震撼了許多古老傳統的心靈。而如今，熟練地玩著平板電腦、AR、VR的兒童，他們在有生之年，藉由先進的視覺技術設備裝置，將可以在地球表面有如親臨火星地表。

　　人類首次登陸月球之後的三年內，NASA又成功執行了五次登月探索月表計畫，並帶回了大量的月石樣本作為研究

參考。登月的經驗不僅建立了NASA及美國人的信心，更向全世界宣告：外太空才是人類飛行夢想的新境界。

太空站的任務

在太空做長時間觀測、探測或進行實驗任務的是太空站。蘇聯競爭登月失敗後，轉向發展長期太空站。第一個就是禮砲1號（Salyut 1），是前蘇聯第一個太空站，也是歷史上第一個太空站。1971年發射升空，聯盟10號泊接未成，隨後聯盟11號與太空站對接，太空人在太空站內逗留了23天。聯盟11號的回航是個悲劇，由於返回艙的均壓均衡閥過早開啟，三位太空人殉職，禮炮1號在大氣層中燒毀。

最有名的太空站是和平號（Mir，兼有「和平」與「世界」之意），於1986年2月19日發射升空，服役至1996年，為時10年。蘇聯解體後由俄國接管。其間，許多國際太空人曾經訪問和平號，三台美國太空梭曾經訪問太空站11次，提供補給物資並帶來替換成員。

和平號太空站由前蘇聯經過10年由多個對接模組在軌道上組裝而成，它是人類第一個可以長期居住的太空研究中心，太空站首個模組於1986年2月19日發射，共包含6個經常在軌道上的模組件：包括核心艙、量子1號天文物理艙於1987對接、量子2號氣閘艙於1989對接、晶體號實驗艙於1990對接、光譜號遙感艙和自然號地球觀測艙則是於1993

年對接，當時NASA還順便提供了一個由太空梭專用的對接艙。

和平號曾經保持9年358天的人類在太空連續逗留最長紀錄。2000年，俄國決定放棄維持和平號的運作。2001年，和平號墜毀於南太平洋。和平號的後續任務由國際太空站（International Space Station，ISS；法語，SSI；俄語，МКС）接手。其第一個部分「曙光號功能貨艙」於1998年發射升空。

國際太空站是近地軌道上微重力環境下的研究實驗室，是人類歷史上第九個載人太空站，目前由五個國家或地區合作運轉。迄今已有來自多國的太空人，包括七名平民遊客參與此由美俄所主導的太空計畫。它原本計畫在2020年結束使命，後來又延到2024年。

登陸火星計畫

說到太空殖民，不能不提火星。21世紀太空計畫的亮點絕對包括人類登陸火星，這將是未來十年中最令人矚目的重大文明與科技事件。對太空科學有興趣的讀者，更值得密切注意近年火星探測的消息。

由於火星到地球的平均距離，是月球距離地球的142倍，當初阿波羅號太空船花了3天飛抵月球，所以去火星的單程旅行可能約需要1年2個月。

在可預見的火星殖民計畫中，比較特別且值得大家注意的，是由伊隆‧馬斯克（Elon Musk, 1971 - ）發展的火星之旅計畫。

馬斯克出生於南非，具有南非、美國、加拿大多重國籍。以年輕時創辦 SpaceX、特斯拉自動車、PayPal（X.com）而聞名。他擔任 SpaceX 的執行長兼首席設計師、特斯拉汽車的執行長兼產品架構師、Solar City 的董事長。也是現代第一輛自動行駛電動車 Tesla Roadster 的聯合設計者。

SpaceX 自從 2002 創業以來，雖然是一個民營公司，卻創下了不少世界太空工程的紀錄。譬如：自從成功使用獵鷹 1 號火箭將天龍號太空船送入軌道並且安全回收後，2012 年首次以商營的貨運飛船為國際太空站運貨。2017 年首次以重複使用的獵鷹 9 號運輸火箭助推器發射，並且安全登陸回收。2020 年更成為第一家載人太空飛行的商業公司。

馬斯克證明了雖然是訴求高安全、高技術、高資本、高效能的太空事業，仍然可以從事民營發展，而不必是國家壟斷的事業。獵鷹 9 號（Falcon 9）在人類航太史上已經佔有一席之地歷史地位，它是多次重複使用的液態燃料運載火箭，現役的 Block 5 型能夠在不回收第一節推進器的同時，向低地球軌道發射重達 22,800 公斤的酬載，或是向地球同步轉移軌道時發射 8,300 公斤的酬載。

馬斯克設計製造的星際交通系統包括了可以重複使用的

運輸火箭，高容量乘載人性設計SpaceX星艦（SpaceX Starship），是下一代第二級的發射載具。超重型火箭則作為第一級的助推器。除了準備未來替代獵鷹9號火箭、獵鷹重型運載火箭以及天龍號太空船外，快速輪轉發射／降落的安置作業，還有經過就地資源利用過程後，能在火星上直接生產的火箭燃料等都將規劃啟用。目前火箭和太空船都已經進入後期試驗階段。星艦將可於地球軌道上重新加注燃料後，完成地一月之間的轉移，然後繼續飛往火星的任務。

　　未來將要在火星上使用的能源規劃，則打算利用薩巴帝耶化工程序[4]，收集火星大氣中的二氧化碳和地面冰所獲得的水，直接在火星上生產甲烷和液態氧作為火箭推進燃料。這是天然氣燃燒的逆反應，需要提供能量和非常精緻的催化系統，也可以用光催化方式達成反應。馬斯克打算讓這套裝置做長遠的使用，整個交通系統也必須能夠反覆操作，最早的載人登陸飛行，希望早至2024年就可以付諸執行。

　　人類生存的邊際不斷擴展、延伸，如今從地球推到了其他行星，且讓我們拭目以待，年輕人也可以開始規劃自己的太空夢了！

尋找適居的系外行星

　　2009年的電影《阿凡達》（Avatar），除了令人咋舌的3D特效，其創意亮點當屬系外行星大規模的軍事、生化科

技殖民主題。

　　尋找適居的系外行星，是 21 世紀太空科學的熱門主題。直到 2021 年，科學家已經發現了四千多顆太陽系以外的行星，其中約有 70% 是透過「凌日」（transit）現象而發現的，就是趁著行星軌道掠過明亮的恆星表面時所做的觀察。

　　另有一種較新的重力微透鏡（microlensing）技術，是利用愛因斯坦所提出恆星的背景光源受重力會彎曲的現象，當行星經過時有瞬間光源強化的情形發生。這種技術從 20 世紀末開始使用，並已經在 21 世紀發現了質量和軌道與地球相當的行星。適居行星雖如鳳毛麟角，在廣大的銀河系外行星中，仍然有機會找出人類可能適居之處，這是太空殖民者夢寐以求之目標的起點。

　　同時，人類已經可以對遙遠的系外行星直接進行光譜探測。因為物質的活動在特定的電磁波段，都會顯現特定光譜。譬如分子的轉動是微波譜、原子間的振動是紅外線譜、原子或分子的外層電子能階躍遷在可見光到紫外線的範圍、內層電子躍遷的對應能量很大，在 X 光的範疇，所以據此測得的光譜系列，就可以了解行星地表及其大氣層的成分及物理特性。

　　系外行星能否適居的第一個要件，就是行星表面有沒有水。水雖然無色無味，但是在紫外光區、紅外光區、微波區都可以吸收特定波長的電磁波。根據其能否對應到水分子的

標準圖譜，就可以判定是否有水。

太陽系中的歐羅巴衛星和海王星都發現有水，火星的極地上也發現了水，火星表面更可能曾經有過豐沛的水，所以這些天體都是尋找外星生命的目標。

太空殖民的省思

2015年的電影《絕地救援》（The Martian），已經為人類登陸殖民火星的夢想演奏了科幻的序曲。太空殖民（colonial）是一個充滿想像的議題，人類在經歷了農業革命之後，幾乎走到哪裡，都是帶著殖民之姿，大肆尋找可搜刮的資源以為己用。人類世的生態浩劫和前途未卜，多少與智人毫無節制的殖民行為有關。

工業革命讓科學產出改善民生及能、資源的使用效益，同時，西方政治與經濟也在發展塑造社會環境的變遷。從二戰以後，資本主義及共產主義在全球競逐，掠奪一切可以掌握、控制的金融及物質資源，甚至人力、腦力資源。兩者的對立不僅是對全世界和平的潛在威脅，在地球上的殖民角力，也不約而同地延伸到太空。

從冷戰期間的太空競賽，到今日企業家所夢想的太空商業觀光旅行，未來的NASA和其他勘查火星的國家，甚至私人企業家，將以何種姿態執行人類世登陸火星行動？這是值

得我們觀察思考的科學問題，當然更是值得警世的人文問題。

　　有人說：登陸其他天體，是人類正當的探險、科技成就的體現。如果我們把太空殖民看成人類世的成就，這應該代表我們共享永續繁榮責任的擴大。尼爾·阿姆斯壯踏上月球時說：「這是人的一小步，卻是人類的一大步！」[5] 人類踏上月球之所以是一大步，豈不是因為站上了伴隨地球有45億年的月球，是與她共享永續的全新體驗嗎？登陸火星的時代將至，太空夢絕不該僅僅是為了佔領墾殖新的疆域。而是意味著渺小的人類竟然有機會提升永續的視野和生命的體驗，更要珍惜在地球之外延續生命的機會。

　　殖民容或是人類生存的本能，但是不該繼續成為我們侵犯永續自然的藉口。演化而來的自私人性，能否轉向接受自然和宇宙永續發展，而不是資源的掠奪競爭？這將會是人類世前途的全新挑戰。

注釋

1　Evolution of the Protoplanetary Cloud and Formation of the Earth and the Planets

2　衛星公轉週期 ＝ g [（衛星軌道半徑）^{3}/行星質量]$^{1/2}$

3　*Scientific American*, "Voyagers to the Stars." July 2022, pp22-37

4 薩巴帝耶程序（Sabatier Process）是由法國化學家薩巴帝耶（Paul Sabatier）和山德倫（Jean-Baptiste Senderens）於1897年發明，$CO_2 + 2H_2O \rightarrow CH_4 + 2O_2$，用鎳催化劑，也可用釕或氧化鋁、壓力、在高溫 300-400℃條件下進行反應。

5 尼爾・阿姆斯壯（Neil Alden Armstrong, 1930-2012）踏上月球的第一句話："That's one small step for man, one giant leap for mankind."

第 3 章

地球的演化
科學能解決地球的環境危機嗎？

哲學家尼采在《查拉圖斯特拉如是說》中寫道：「偉大的太陽啊，如果你失去了所照耀的人們，還有何幸福可言呢？」太陽系最特殊之處，就是在第三顆行星——地球上有著豐富的生命。其中的智人不只能享受太陽的滋養，生生不息，還能夠欣賞、描繪、述說、頌讚、膜拜、歌詠這孕育生命的環境。

直到目前，太陽系中除了地球，其他地方尚未發現生命。身為行星的地球，竟能風調雨順，萬物滋生演化，適於人居，真是獨一無二的奇蹟！

上一章提到，人類進行行星探測的其中一個理由，就是為了太空殖民。殖民非要求適居不可。人類不是在哪裡都可以生存，沒有足夠的水和氧氣、合適的溫度，還有食物，人就活不下去。如今地球的資源和能源都日益匱乏，生態環境也在走下坡。到了這個世紀末，地球環境的適居狀態很可能已經嚴重惡化，甚至岌岌可危。

人類在地球上盲目的行為，已經替地球環境和文明埋下了潛在的致命憂患。除了進一步往太空殖民、尋找適居行星，更應該好好地先來認識我們絕無僅有的地球，或許能及時提升我們對自己所居住自然家園的珍惜之情。

風調雨順的地球

　　演化（evolution）和適居（habitability）是兩個不同的概念。了解環境中是否有生命存在是第一步。而到目前為止，除了地球，科學家還真不知道哪裡有生命的存在。

　　從適居的角度來看，地球有太多剛好的適居條件：剛好地表有充沛的三態水、剛好有大氣層提供適居的氣候、剛好平流層有吸收紫外線的臭氧保護生命體免遭輻射傷害、剛好對流層有豐富的氧和氮提供生化的基材與能、資源。地球大小適中，四季溫和，剛好有磁性的地核、剛好有活躍的地函、剛好有堅硬的地殼、剛好有溫和的氣候、剛好有生命圈……太多的巧合，難怪有人以為地球是被「設計」成現今的狀態。

智慧設計還是演化使然

　　地球是太陽系從內圈算起的第三顆行星，距離主要能源太陽1億5千萬公里，可說是不遠也不近，地球本身是不大也不小，連自旋軸傾角23.44度都似乎經過「微調」，使得陸地較多的北半球有較多的日照。地表平均溫度為14 ℃，十分溫和。

　　如果看看離太陽較近的金星，其表面溫度超過400 ℃。金星的碳大多以二氧化碳的形式，存在於金星的大氣中。相

反地,地球的碳多以碳酸鹽和有機碳的形式存在於沈積岩和生命體中,使得地球大氣中的二氧化碳含量比例很低,只有金星的1/350,000!再看看離太陽較遠的火星,其質量只有地球的10.7%。是因為質量太小而抓不住水分子嗎?火星大氣中二氧化碳佔了96%,地表的平均溫度為-55～-63℃,顯示缺少溫室效應。

地球不是正球形,其赤道稍凸,地球自轉每兩萬年擺動一周,受其他大行星牽引,自轉軸傾斜角和軌道形狀分別作四萬年及十萬年的週期變化,自轉物體之自轉軸繞著另一軸旋轉的現象,又稱「旋進」。在天文學上稱為「歲差現象」,會影響地球的季節和不同緯度的日照量及兩極冰帽的大小,但是沒有具體證據顯示這種變化是否會影響生物的演化。

觀諸當今自然界豐富多樣的生態,說地球是所謂天之驕子,自是當之無愧。很多人可能會問:地球之所以「適居」,北半球尤其「舒適宜人」,是否是一顆「對的」行星剛好落在「對的」位置上?

該有的都有,不該有的好像都沒有。究竟是「巧合」還是「安排」?難怪宗教界會對地球是由「智慧設計」(Intelligent Design)的說法甚囂塵上。智慧設計是指一個複雜精巧的存在,背後一定有聰明的設計者,就像一隻精錶必然出自一位高明的錶匠之手。在宗教的觀念來說,就是指上帝了。

另外一種「蓋婭理論」是指自然的生態與環境構成了一個巨大的「生命系統」，有如希臘傳說的大地之母蓋婭（Gaia）懷抱照顧著自然界的一切生命體。電影《阿凡達》的劇本，就是根據這個概念所撰寫出來。

不論是智慧設計或是蓋婭理論，兩者都是利用旁證（circumstantial evidence）或想當然耳的推論（inference），並沒有具體證據，聽來似乎合理，卻都不屬於科學的範疇。

科學界則是大多傾向接受達爾文所提出「演化下的物競天擇」造就了地球環境與生命的永續。關鍵就在漫長的地質時間在環境許可時，會選擇能適應的生命，提供了「對的」基因更多生存發展的機會。

哈佛的語言大師諾姆‧卓姆斯基（Avram Noam Chomsky, 1928-）認為：

> 人的無知可以分成「問題」和「神祕」，面對合理的問題時，即便沒有立刻的解答，但是仍然可以在探究的過程中獲得洞見與知識，還能繼續尋找新問題的線索；而不至像陷在神祕中時，只能侷限於愕然或留在困惑的泥淖中，不知作何解釋。[1]

這就是演化論了不起的地方，演化的觀點總是能對近代生命科學、分子生物學和遺傳學提供好的探究問題，也啟發

科學家提問好的問題，這些問題使生命科學和生物醫學進展神速，是21世紀發展最快的前沿科學領域之一。這是演化論益發受到科學家青睞的主要原因，也被視為現代知識公民必須具備的素養。

根據演化論，地球上許多看似「剛好」的條件，都是多方面的相互適應而「天擇」出來的，自然與現存的生命相濡以沫、長時間的互動結果，存在就是合理。不過不容否認的是：地球仍然是萬中選一的生命之星，由不得任意地輕忽、糟蹋，這也正是電影《阿凡達》想要傳遞的環保訊息。

地球的霓裳外衣：大氣

地球表面的構造可分成大氣圈、水圈、地圈、生物圈。彼此交錯調適，互相影響。

從太空俯瞰地球，水圈使得地球宛如一顆藍寶石，聚攏在有巨大質量天體周圍的氣體稱作「大氣」（atmosphere），地球外這層薄薄的大氣，正如一襲霓裳外衣，雖然「稀薄」，對生物圈卻是救命的保護和呼吸之源。

地球的大氣是由地表往上，可區分成對流層、平流層、中氣層、增溫層、外氣層。

對流層（troposphere）的平均高度距地表約13公里，赤道附近可達17公里。對流層的大氣變化是「氣候」（climate）發生的原因。大氣中的水蒸氣，約有80%存在於

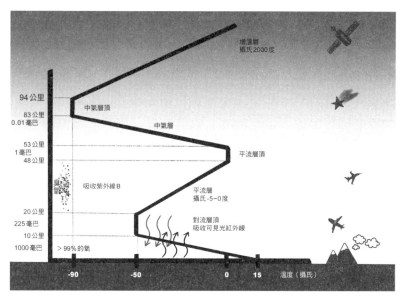

從 0-100 公里高的大氣溫度變化
（繪圖：Becky Chen）

對流層，因此也是雲、雨、霜、雪等現象出現的區域。

對流層的溫度隨高度而降低，平均而言，每上升100公尺，溫度約下降0.6℃。噴氣客機的飛行高度，溫度約在 -50～-60℃。

對流層是距離地表最近的範圍，活潑的氧氣含量有21%，遠遠高於其他行星，惰性的氮氣含量約為78%，其他的成分有氬（0.93%）、二氧化碳（0.04%），水蒸氣的量則會隨溫度變動。

　　氧氣（O_2）是化學活性非常高的物質，在自然界僅次於量極少的氟（F_2），自然界大氣環境中21%的含氧濃度是高得驚人。自從約25億年前氧氣大量發生之後，地表大氣就維持了高濃度的氧。基於此，地表是個容易發生燃燒或氧化反應的環境；對於還原性稍高的物質而言，地球的大氣也可說是「毒性」頗高。

　　此外，可對水反應的物質，在濕度大的地方也會不穩定，鐵金屬「生鏽」就是一個典型的潮濕環境促進氧化反應的現象。所以地表沒有金屬鐵，也沒有鹼金屬或鹼土金屬，它們都呈「氧化態」，就是以陽離子化合物的型態存在。氧化作用是生物圈的維生反應，除了厭氧菌，地表生物全賴呼吸氧氣生存，提供細胞的「活力」。

　　平流層（stratosphere）又叫同溫層，距離地表約為13-50公里。平流層在25-30公里的高度有豐富的臭氧（O_3），所以平流層也稱為「臭氧層」（Ozone layer）。臭氧雖然對生物有毒，但能吸收紫外線，在平流層保護地表生物免受高能陽光（紫外線）致命的照射，譬如過度的日光浴可能引發皮膚癌，這是特定物質「站對位置」，提供生命存活、適居條件的例子。也因為臭氧有吸收太陽紫外線輻射的功能，平流層的氣溫隨著升高高度而增加。

　　中氣層（mesosphere）又稱光化層（chemosphere），範圍在離地表50-100公里。主要成分是由光化學作用引起的臭

氧、氧氣、氮的氧化物。

增溫層（thermolayer）在地表以上100-500公里，顧名思義，溫度隨高度上升而上升。又稱熱氣層（thermosphere），空氣格外稀薄，離子濃度大，所以也稱電離層（ionosphere）。是低軌道的人造衛星運行的範圍，哈伯太空望遠鏡就在這一層繞地球運轉。

外氣層（outer atmosphere）是500-1000公里之上，是外太空的起點。主要成分含元素中最輕的氫氣（H_2）和氦氣（He）。溫度隨高度上升而升高。

極光發生在80公里以外的區域，它的成因是太陽發射的帶電粒子在磁力線的吸引下，撞擊到原子或分子而產生。大氣的外部應該都不適合生命的存在，因為太陽的輻射線照射，破壞殺傷力都很強，所以太空活動必須有適當保護的穿戴。

地球曾經沸騰燃燒，也曾經天寒地凍。上古時期的2.4-4億年及21-25億年，都曾有過冰河時期（ice age）的證據，最近的一百萬年中有八次主要的冰期。在冰河時期，地球大氣和地表經歷長期低溫，導致極地和山地冰蓋大幅擴展，甚至覆蓋整個大陸。從冰河學的角度來看，南北半球出現大範圍的冰蓋，即可視作冰河時期的降臨。

大體而言，地球的環境可說是長年穩定。大部分地質時間，地表溫度都算是「溫和」。自然的地球有著不同於其他

行星「意外溫和」的地表，除了液態水，自然的溫室效應也是主因之一，地表的溫度範圍在-50~50 ℃之間，平均溫度就是十分適居的14 ℃。

地球的凌波舞衣：水圈

地球表面環境對生命格外有利的特點，除了有大量的氧氣，另一個特點就是地球的表面有豐富且大致三態平衡的水—冰—水蒸氣。

水是宇宙中物理及化學性質極為獨特的物質，水分子（H_2O）由2個氫原子以彎曲形結構連結1個氧原子組成，最特別之處，就是大量的水分了集聚時，性質出奇的特殊。純水溫度範圍其實很窄（攝氏0-100度），比熱卻甚大，要將1克水提升凱氏絕對溫度1度，需要1卡（1 cal/g・K），這對穩定地表溫度發揮了關鍵的調節角色。

此外，冰的密度比水小，所以固態冰會浮在水上面。冬季時，較溫暖的水在冰下面，這就提供了許多水中生物存活的環境。

從太空中會看見湛藍的地球，就是拜地表的滔滔海洋所賜。液態的海洋隨著大氣的氣候變化，有時寧靜無波，時而浪高千尋，這是太陽系眾星中絕無僅有、最明顯特殊的地表景觀。

地球的表面有水圈（hydrosphere）與地圈（lithosphere）。

水圈指地球上所有存在的水，包括了地表及地下水。海洋覆蓋約71%的地表，相當於陸地面積的2.34倍。北半球陸地佔39.4%，海洋佔60.6%；南半球陸地僅佔19%，海洋則佔81%。地球水的總量有13億8千6百萬立方公尺，只佔地球總質量的0.023%，約為1.4×10^{18}公噸。

如果用統計概念的比例來描述：有30億個水分子在海洋（96.5%）；8千萬個就在淡水（2.5%）；3千萬個是在地球內部。所有的淡水中則有5千5百萬個在冰帽；3萬個在對流層；只有5個在平流層。

要達到這種存量，必須於地球形成時，在渺渺的太陽星雲中，每三百萬顆氫原子，就有一顆被地球捕獲，這真是極為難得！要滿足這樣的情況，行星的質量必須大到能吸得住水分子。地球大氣中只有很少量的氫氣，就是因為地球質量抓不住太輕的氫氣。

46億年的地球生命中，水必須有機會從行星內部移到地表。水圈已經存在了起碼有40億年之久，只有非常少的水逸散到太空。大部分的水是以液態存在，這表示地表溫度不能超過水的沸點，而且溫度範圍必須要在冰點與沸點之間。在嚴酷的宇宙環境中要發生這些現象的環境條件，都是在很小的機率範圍內才能出現的。相較於地球，火星表面應該也曾有過充沛的液態水，卻不知為何已經消失殆盡。所以不同的永續環境條件，就會有不同的演化方向。

陸地生命倚賴的是淡水，其中只有1.3%是地表水，主要存在於湖泊中。地球上的三大淡水湖是亞洲的貝加爾湖、北美洲的蘇比略湖和非洲的坦干伊喀湖。

河流的容水量或許不算大，但是其奔流的範圍夠遠夠廣，對氣候和生物圈仍然有相當大的影響。地表的主要河流，依其長度有尼羅河、亞馬遜河、長江、密西西比河、葉尼塞河、黃河及鄂畢─額爾濟斯河等。

冰帽九重天：冰與水蒸氣

固態冰也是地表的顯景，集中在兩極的區域。地球上最大的冰蓋（ice sheet）或是稱作大陸冰川就在南極，覆蓋範圍約有1千4百萬平方公里，平均厚度為2,100公尺，最厚的地方在威爾克斯地（Wilkes），有4,800公尺，冰的總體積共有3千萬立方公里，佔了地表淡水的90%，有人曾經估算大約可以做成9×10^{16}個食用冰塊。（奇怪的聯想）

格陵蘭島有79%是冰蓋，約有171萬平方公里，厚度約超過2公里，最厚的地方約有3公里，總體積達2.85百萬立方公里。在末次冰期的冰盛期，勞倫泰冰蓋覆蓋了北美洲廣大陸地，威赫塞爾冰蓋覆蓋了北歐，巴塔哥尼亞冰蓋覆蓋了南美洲的南部。

在過去幾十年中，科學家在兩極挖了近4公里深的冰芯（ice core），它就像是大氣與海洋的資料圖書館，從中可以

獲得無數封存於冰內長達80萬年的寶貴數據，提供研究地球過去的溫度、海洋體積、降雨量、低對流層化學、火山爆發、太陽變化、海表生產力、沙漠化程度及森林火災……等寶貴資訊。

2020年，格陵蘭的冰蓋出現了大規模崩解，類似的現象在南極洲也被觀察到。歷史上，中世紀的次暖化期也曾經使格陵蘭的冰蓋發生過融解，影響歷史至鉅。全球暖化的警訊已經日趨急迫了。

大氣中含有的水蒸氣總量約為 2.0×10^{13} 公噸。水蒸氣可以由水的蒸發或沸騰產生，冰的昇華也能產生水蒸氣。水蒸氣凝結可以產生雨、雪、霜、霰，最常見的則是漂浮在空中的雲朵，成為地球表面大氣中最是氣象萬千的景觀。

水蒸氣也是地表、大氣及地下的水循環中不可或缺的角色。陸地的水大多經由地下水的途徑進入海洋，而大氣中的水蒸氣主要是經由海洋的蒸發所產生。此外，火山爆發產生的水蒸氣是將地函中的水帶到大氣中，提供的水蒸氣量也是不容忽視。

水蒸氣掌握了平均約60%的自然溫室效應，由於地表溫度穩定，水蒸氣的量也相對穩定。反而是二氧化碳的存量，因為受到人類過度使用化石燃料的影響，逾百年來仍然在持續升高中，目前已經超過了 400 ppm。

雅典娜的智慧與暴力：地圈

不時變動的地殼，就像希臘神話中兼具智慧與暴力的雅典娜（Athena），是她一體的兩面，從出生時就驚動了大地之母蓋婭，長成後卻又聰明地藉其暴力之美形塑、震撼了大地。

地球的陸地地景十分多樣，有高山峽谷，有平原沙漠；地表並不平靜，事實上是活力十足，有火山、熔岩，有地震，有風暴……與無聲無息的寧靜月球形成強烈的對比。

地球屬於石質行星，「地圈」指的是地球外部固體的部分，包括地殼（crust）和上部地函（mentle）。地球中央是由地核（core）組成，這種不連續的分層結構，表示行星在形成過程中可能發生過化學凝析作用（chemical condensation），也就是從一種勻相經由溫度變化分成不同相的過程。重的元素以凝態往地心下沈，輕的物質向地表上升，甚至形成氣體。

地球半徑約6,380公里，有分層的結構及磁場分布。地震波（seismic wave）顯示地下2,900公里處有不連續面。2,900公里以上壓縮波（compression wave）和剪切波（shear wave）均可穿透，屬於固態結構。2,900公里以下只有壓縮波能穿過，且波速慢，表示是液態物質。所以分層顯示2,900公里以上是鎂矽酸鹽地質，2,900公里以下則是高壓熔融鐵，密度大的鐵核可能從熔融的矽酸鹽沉入地心。新的震

波探測還顯示地核可能有液態、軟結構和硬結構，相關研究仍在進行中。

　　鐵元素在地球上的分布，包括地核中有 1.87×10^9 兆噸，地函中有 4.11×10^9 兆噸，地殼及海洋中約為 0.01×10^9 兆噸。從岩漿的分析來看，鐵佔了 8%，但是佔地球 1/3 的液態鐵是集中在地核，可能是吸收了週期表中相鄰或附近的貴重金屬元素，而下沉至地核中，所以地表存量反而較為稀少。

地殼的成分

　　從地質化學的觀點，鐵、鎂、矽、氧組成的礦石主要有氧化鐵、橄欖石和輝石，[2] 這些礦石的含鐵量依次遞減。不含金屬的氧化矽晶體就是石英。鐵元素不僅形成地核，也改變了地函礦物的種類，同時也影響微量金屬的分布及地殼的成分。

　　地質學上，根據特定元素及放射性同位素存量的比例，可估計地核及地函形成的時間。目前科學家相信：如果地球是獨自形成，地球的分層，大約是發生在地球形成約 1 億年以內的最初期。

　　地球的上部地函，就是地球地殼至外核之間的部分，約在地殼以下到深度 400 公里處，包含部分岩石圈（lithos-phere）及軟流圈（astheno-sphere）。岩石圈部分厚約 100 公

里。地球內部放射性元素的衰變，應當是重要的能源之一。這種高溫可能使地函成為一個富彈性、易變形的半凝固地質，能夠產生對流。

海洋地殼（ocean crust）是玄武岩岩石層，也就是沉積岩，由密度較大的矽鎂質的岩石構成，矽酸鹽成分較少，偏鹼性。現存海洋地殼年齡都在200百萬年之內，相對而言十分年輕。

陸地的花崗岩（continental crust）即為火成岩，是岩石圈的一部分，由岩漿冷卻形成花崗岩石。結晶性高，和海洋地殼共同成為地球的最外層，主要由含較輕之矽鋁質的岩石，富鋁、鈉和鉀。鐵和鎂反而較少，偏酸性。密度較海洋地殼小。

變動的地殼：分裂的大西洋脊與大陸飄移

大陸地殼浮在地函之上，厚度在20至80公里之間，約有38億年的壽命。地殼的變動是海洋隱沒帶（subduction zone）延伸入大陸地殼下方，沉積物帶入地函，變質、分解釋出二氧化碳，讓海洋生物可以再利用。

中大西洋洋脊（mid-Atlantic ridge）是一個縱切大西洋及北冰洋、大部分位於海底的活火山山脈。由北緯87度縱貫延伸至南緯54度，恰好是地質板塊邊界（plate boundary）的交會處。

地球內部放出的熱，對地表溫度幾乎沒有影響，但是地函的對流能使地表沉積物拉入地函中，再分解出二氧化碳，最後由火山噴出。熔岩與火山顯示地函的溫度應該仍然非常高，超過1000 ℃，岩漿的運動提供了地球表面「建造」地殼的活力。自然界地表的地質傾軋與角力，可能是地球生機乍現的起點。

「海底擴張」（oceanic spreading）的活動，主要是由中洋脊的地底火山自海底的地殼中央噴射而出，形成了新地殼。地殼向東西兩側邊延伸，每年以40-90 毫米（mm/yr）的速率擴展，至今仍然在持續進行，這也是大陸飄移理論最好的證據。

1915年，德國的偉格納（Alfred Lothar Wegener, 1880-1930）提出「大陸漂移說」（continental drift theory），認為大陸地塊會隨地質年代而漂移，這個假說在當時很少人真正給予重視。直到1950-60年代，放射性定年法的技術大為改進，才使得研究地球古岩石或沉積磁性的古地磁學異軍突起。

1959年，美國地質調查局（USGS）和澳洲國立大學（ANU）的科學家競相發表大西洋脊兩側海底沈積岩對稱的註記了過去世代的「地磁反轉」（geomagnetic reversal）尺標。地球磁場在地球歷史中，南北極有非週期性的變換現象，可由大西洋海底地殼的磁性隨地質年代的變化獲得。地

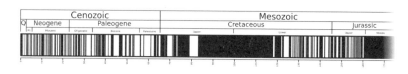

不同地質世代大西洋脊的地磁反轉尺標

磁反轉的清晰磁條可以準確地推算出地質年代，再測量其到中洋脊心的距離，就可以估計當時海洋擴展的速率。

1963年，英國的維尼（Frederick John Vine, 1939-）和馬太（Drummond Hoyle Mathews, 1931-1997）結合了地磁反轉和海洋擴張來支持大陸漂移說（continental drift theory）。加拿大的莫雷（Lawrence Whitaker Morley, 1920-2013）也同時獨立發表了相同的學說，但他提出發表的論文遭到拒絕，數年後才正式出版。

根據大陸漂移的理論，上部地函及地殼的岩圈分裂成幾塊「板塊」，這些板塊相互的傾軋運動，決定了地殼板塊邊緣的聚合或分離、造山運動或是海溝形成（trench formation）、還有轉形斷層（transformation fault）、地震或是火山活動。這些現象必然都和地函的對流運動之動力變化有關，但是理論有很多種，研究也都還在進行中。

宏觀來看，不僅地圈的一顰一動都與陸地生命體息息相關。地圈、水圈與氣圈的對流層也緊緊地和生物圈結合在一起，其構成多樣多姿的行星生命世界，是最令人屏息的宇宙

景象。

台灣島的生成

　　台灣島正好地處於地質活躍帶上，西為歐亞板塊、東北是琉球板塊、東鄰菲律賓板塊及南方的巽他板塊的交界處。是世界上最頻繁的地震活動地區之一。台灣島的中央山脈主要是由600萬年前的蓬萊造山運動——菲律賓板塊向西擠壓歐亞大陸板塊而形成。至今，菲律賓板塊仍以每年8.2公分的超高速度持續向西北移動。

　　相對於46億年的地球，600萬年的台灣是非常年輕的島嶼，那時古猿人才剛在非洲大陸出現呢。我們身在這個蓊鬱之島上，不能不知道和她有關的地質、地理與自然生態，當然還有人文、歷史及社會的形成過程。

生物圈穩定的環境

　　地球最特殊且有別於太陽系所有其他天體之處，在於地表有著豐富的生物圈。

　　從熱力學的角度來看，地球是一個到處違反熱力學第二定律的世界。換句話說，熱力學第二定律常常被逆轉，隨處都有能量的有效運用，使得亂度下降的例子。

　　地球表面有許許多多的自然規律，使得生命得以發生、

活動、演化。地球不是能量封閉的系統，太陽能源源不絕的供應、送進地球。地球也是一個能在變動中物質維持均衡且穩定循環的星球，生物圈究竟是地球物質維持均衡恆常的果還是因？這就像是雞生蛋、蛋生雞的問題，因果尚難定論。

地球上的物質不停地拆解、組合、變化，甚至演化出永續發展超過了三十億年的生命。生命圈擴展了地球上物質世界的「活力」，而生命所需最重要的條件，就是要有穩定的生態系。

生態系的構成

1987-1989年間，多才多藝的系統生態學家，也是工程師和冒險家約翰・艾倫（John P. Allen, 1929- ）和他的同事在美國亞利桑納州的神諭鎮，以2億美金興建了一個物質封閉的人工生態系統，取名為「生物圈二號」（Biosphere 2）。這是把地球視為第一個生物圈，當做實驗的標準模型。

整個生物圈二號的建築，擁有占地1.27公頃面積的結構，建物約有8層樓高，圓頂形密封鋼架結構的玻璃建築物，簡直就是一個史無前例的超大暖房，其中甚至安置了海洋、雨林、草原、沼澤、珊瑚礁、沙漠……等多樣性應有盡有的生態環境。

興建生物圈二號，目的是為了要檢測未來在太空殖墾的人，如何長期在封閉的生態系統中生活和工作。1991年至

1993年間，四男四女住進了生物圈二號。但僅僅經過兩年的時間，系統內的氧氣量就從21%下降到15%，食物生產量也不足，實驗遂宣告失敗。科學家只能感慨承認：科學對永續生態系的認識還只是皮毛而已。

顧名思義，「生態系」（ecosystem）就是由一個生態組成的整體系統，是環境與其中所有生物相互作用的系統。其中包括了生物和非生物的組成，系統中有各種宰制生態圈的事物或行為的成分和反應程序，以及這些物質成分的交換與能量傳遞。

換言之，一般所謂的生態系，是指在一起生活的生命族群以及他們周遭的環境。整個系統形成了功能性的生態單位，動態上是一個整體，構成了複雜又互動的質—能系統。其中陸相和水相各自有其食物鏈，而其平衡和穩定與否，正是生態系得以永續的關鍵之一。

從化學家的眼中看來，生態系構成的因素，基本上就是「物質的循環和能量的流動」，這意思是說生態系中的物質和能量都是呈動態的。如果做長時間的統計，物質在生態系不同的生命實體和環境中，從一種形態轉變成另一種形態，角色也會更替，但是總量會相對地守恆。

生態系能量的終極來源是太陽，能的形式會轉換，能量的流轉就是萬物變化的緣由。所以外觀的變與不變看似複雜，並不是神祕難解的力量在操縱，而是自有其運作的物理

與化學法則。

地球生態系中，最基本的質—能流轉的有機程序是光合作用（photosynthesis），包括了「光反應」和「暗反應」。

太陽能是所有能量的源頭。能量和水作用，通常是水先進入植物，其中的葉綠體在陽光下利用太陽能產生氧氣。地球大氣中含有21%的氧氣，可以說是出奇的豐富，生命呼吸作用所必需的物質，就是依賴光反應。

暗反應中的二氧化碳的固定、還原和加氧酶再生（regeneration of oxygenase）構成的循環程序就是「卡爾文循環」（Calvin cycle），由1961年獲頒諾貝爾化學獎的卡爾文（Melvin Calvin, 1911-1997）提出。產生的葡萄糖可以提供

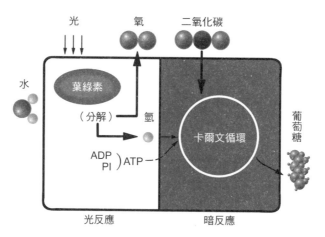

光合作用：光反應與卡爾文循環
（繪圖：Becky Chen）

植物和動物養分,動物將能量經由粒線體的腺苷三磷酸（ATP）做能量交換,ATP好比動物體內的能量「現金」,藉由燃燒葡萄糖「付款」,提供生命需要的能量。

如此,構成光合作用的總反應,就是二氧化碳和水靠著葉綠素,在陽光下產生了葡萄糖和氧。海水中大量的藍綠藻加上陸地的雨林,創造了地球含氧豐富的空氣,也提供了好氧生物生存必須的氧化環境。

生態系的衡穩機制：生物地質化學循環

為何地球的生態系能如此環環相扣,格外穩定?這是一個奧祕且迷人的問題。

地球生態系的穩定性,主要是由於多元的物質循環機制。一個區域內的生物體在自然界的物質傳遞,是倚賴生物地質化學循環（biogeochemical cycles）。這是指在生物圈、水圈、大氣、岩石圈之間的元素或物質交換。重要的程序包括碳循環、氧循環、氮循環、磷循環、鈣循環、水循環、岩循環等。火山活動則是岩圈（土壤）和大氣交換物質的重要過程。

這些循環的程序,維繫了地球生物圈所需之重要元素存量的守恆。換句話說,數十億年來,自然界的生物體雖然生生滅滅,但是組成生物體的元素物質在不同的生物體中進進出出、來來去去,其原子的總量卻幾乎不曾增加,也不曾減

少。

生態系的第一要素就是水。地表的水文循環（water cycle）包含了水在海洋、大氣、陸地，再回到海洋的循環過程。從海洋或陸地上的淡水進入大氣是經由蒸發作用（evaporation）。水從植物進入大氣，靠的則是蒸騰作用（transpiration）。從大氣以雨、雪等形式降回地表的程序稱作凝結（precipitation）。地表的水可以滲透（infiltration）到地下水，再經由岩石或者地表下以任何形式流進海洋。數十億年中的水體總量是相對穩定的。

由於生命體的有機組成成分是以含碳物質為基礎，所以生物群系的生物地質化學循環中，最重要的元素交換就是「碳循環」（carbon cycle）。陸地與海洋都會和大氣經由光合與呼吸作用交換碳元素，陸地上的碳受到風化和侵蝕作用，則會進入海洋中，大自然的火山活動可將碳元素釋放至大氣中。

在人類世，儲藏在地下的石化燃料取出後，經由人類的燃燒能源行為而逸入大氣的主要的成分是碳，這也是全球暖化的主因。也有大量的碳元素是以有機物質的形態，儲藏在陸地和海洋的生物群系中，或是沈積到海洋的岩層中。

湖泊中的碳循環，通常是由水藻的呼吸作用釋放二氧化碳，也可以進行光合作用吸收溶在水中的二氧化碳。水中的二氧化碳與大氣中的二氧化碳會互相交換，水中的二氧化碳

還會轉換成碳酸的化學成分,進入食物鏈進行循環。所以淡水湖泊常顯示出酸鹼性的平衡,死亡的生物則將碳轉移到沈積層中堆積。

碳酸在自然界都是以碳酸氫根（HCO_3^-）或碳酸根（CO_3^{2-}）的離子形式存在。大氣中的二氧化碳溶在雨水中,就會產生碳酸氫根離子落在陸地上,與鈣離子（Ca^{2+}）結合形成碳酸氫鈣（$Ca(HCO_3)_2$）。岩石或土壤受到風化或侵蝕,就將鈣離子與碳酸氫根帶入河水和海洋。海洋生物吸收鈣離子與碳酸氫根,就形成含碳酸鈣（$CaCO_3$）的甲殼,死亡的海洋生物會將碳酸鈣堆積在海底的沉積層,地殼的隱沒作用再把沈積的碳酸鈣帶到隱沒帶。高溫和高壓可以溶解富含碳酸鈣的岩石,火山爆發又將碳酸鈣分解出的二氧化碳送回大氣中,如此完成了碳循環。

氧元素在地表的分布,大氣中氧氣佔了21%,其餘約79%幾乎都是氮氣,還有一些相對微量的含氧氣體,如O_3、CO_2、H_2O（水蒸氣）、NOx、SOx。水圈的氧有33%,如H_2O、HCO_3^-、CO_3^{2-}等。地圈的氧有46.6%,如矽酸根（SiO_4^{4-}）、碳酸根（CO_3^{2-}）、磷酸根（PO_4^{3-}）等,形成各種金屬礦物。生物圈的氧約為22%,主要是有機氧和水。光合作用與呼吸作用主要負責氧氣和二氧化碳的交換。此外,離子氧化態（oxidation state）的變化和有機氧化態的變化,也是交換氧原子的主要途徑。由於地球水圈和大氣中的氧氣

量已經穩定了數十億年的時間，所以水循環與氧循環（oxygen cycle）的光合作用與呼吸作用，必然都是地球上維持生物圈平衡和生態穩定的關鍵程序。

氮元素是生物蛋白質的主要成分，所以氮循環（nitrogen cycle）也是生物圈穩定的重要機制。大氣中有非常多的氮氣（N_2），但是由於其化學惰性，生物體不太容易使用，因而空氣中游離態的氮轉化為含氮化合物，也就是氮元素的固定（nitrogen fixation），需要倚賴特殊的途徑。至於活性的氮元素，包括了氧化態和還原態，則是氮循環不可或缺的部分。

氮固定的物理方法是靠空中的雷擊閃電，生物途徑則要倚賴細菌的固氮作用，譬如與豆類植物共生的根瘤菌。還有生質燃燒，這些反應都可以生成氮的氧化物（NOx），溶入水中就可以氧化產生硝酸根（NO_3^-）或亞硝酸根（NO_2^-），這是硝化反應（nitration）。硝酸根的還原就是去硝化反應（denitration）。

氮的還原態物質則有氨（NH_3）、氨基（$-NH_2$）或銨基（NH_4^+）、有機胺基（R_nNH_{3-n}）、氮氣（N_2）等。生態系的硝化或去硝化過程都要有細菌的幫忙，反應才能進行。

在工業上，德國的哈伯（Fritz Haber, 1868-1934）發明了使用高溫、高壓和催化劑，利用化學平衡和動力學的控制直接把元素態的氮氣（N_2）和氫氣（H_2）反應成氨（NH_3）。[3] 氨是重要的肥料和炸藥原料，哈伯也因此獲得

1918年的諾貝爾化學獎。

　　空氣中有用不完的氮，哈伯人工合成氨反應的問世，也促成了大量的肥料生產，接著就是食物爆量生產和人口暴增。隨著人類世的到來，環境中的硝基大幅增加，原因當然和人類世的工業發展、肥料的使用暴增不無相關。

　　磷元素是磷酸根的核心元素，是生物體中骨骼的成分，也是生物體DNA和能量交換的必要成分（ATP/ADP）。磷循環（phosphorus cycle）只發生在地圈、水圈及生物圈，不會進入大氣。

　　自然界的磷元素大部分存在岩圈中，譬如磷酸鈣礦Ca_3（PO_4）$_2$。土壤中的磷酸根會沖刷到水圈，最後沈積到沈積層。但是也可以由植物或水中的藻類吸收，進入生物圈。腐敗的生物體又會回到土壤或是海底的沈積層。

　　人類使用大量的磷肥會沖刷進入水體，湖泊池塘的磷一旦過量，水藻繁生就會造成優養化（eutrophication），導致水中缺氧，生物就可能大量死亡。自然界發生的優養化則需要很長的時間，也許是數百或數千年，其作用才會緩解。

能量的循環

　　生物圈所有的物質循環都需要能量。地球雖然是物質相對封閉的系統，就能量而言卻是隨時開放的。整體而言，太陽光永不停歇的照射在自然界，光合作用就是最有效的能源

收割機,將能量儲存成生物的能量存款——葡萄糖,經由植物、動物、分解層流轉,不能使用的能量就成為熱散入環境中。

生態系的生產角色是植物、藻類、細菌等能夠自給自足的成員。生產者的生理素材基本上也是碳水化合物。它們唯一倚賴的就是太陽光,但是也可以用到化學能和熱能。

生態系的消費者角色,基本上是靠攝食維生,食物包括植物、動物、藻類、菌類等。動物中有草食、肉食或雜食類。牠們都會排除食物不吸收的廢物,最後死亡,回歸自然。

生態系當然少不了清道夫的角色,這就是分解者,通常是細菌、蛆蟲、昆蟲、藻類等。它們會把生產者、消費者一切的排廢或殘留物,通通轉換成生產者可以使用的無機營養物。當然分解者也會散出熱量,譬如堆肥就會發熱。

各種攝食的消費者還會形成各層次的食物鏈。能量循環(energy cycle)的流動是生態系必要的動力,卻是隱性的動態,外表看到的則是物質界生生不息地替換更迭。而當生態系失衡不穩時,最高層的消費者會消失得最快。

人類世的出現,本身就是進入一個超級「能源世代」,能源的使用與開發完全進入了前所未有的局面。其代價就是讓埋藏在地下數億年的碳被釋放到地表的大氣、海洋與地殼中。短短兩百年的時間,就讓數十億年來十分穩健的「地球

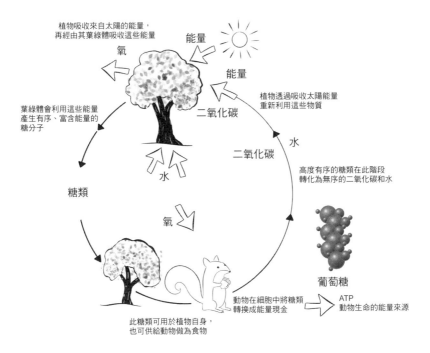

陽光的供給，植物、動物及分解者與小分子之間的能量循環。
（繪圖：Becky Chen）

健康」急遽惡化。

　　科學家思考如何使用（綠色）乾淨能源，目前是以使用燃燒就形成水的「氫能」較具潛力，但是產生氫氣的過程必須仰賴催化劑的開發，進行水分解，目前尚難以保證是否能夠全面替換化石能源。

能源與環境的四個主要危機

在演化出智慧文明的行星上，一旦文明技術的發展大幅改進了民生條件，使得智慧生命的人口數開始趨近於臨界承載容量（carrying capacity），就必定面臨能源危機和環境危機的挑戰，這是有限資源的行星宿命！

地球人類世的生物多樣性喪失（biodiversity loss），也許已經不只是一種、一屬的生死存亡關頭了。這究竟只是暫時的生態亂流，還是永久性的生態傷害，甚至侵害到人類文明的永續，就要看環境崩壞與能源匱乏的速度與程度，會持續發展到什麼地步。

全球石油危機

在20世紀70年代短短的十年中，我個人就遭遇過三次主要的「全球石油危機」。1973年，「能源危機」還是全世界的新名詞、新經驗、新概念。當時我正在申請美國大學研究所的獎學金，準備赴美進修和石油化學有關的無機觸媒化學，突然卻聽說支持化學催化反應和觸媒研究的石油公司，都因為能源危機而停止資助，以致於獎學金名額都減少了。

造成這次石油危機的原因，是1973年10月中東第四次以阿戰爭，也稱作「十月戰爭」或「贖罪日戰爭」。以色列在1967年6月曾經發起赫赫有名的「六日戰爭」，以迅雷不

及掩耳的速度往南佔領了埃及西奈半島的大部分和北邊，拿下了敘利亞的整個戈蘭高地。而這次十月戰爭埃敘聯軍有備而來，先是南北都有斬獲，但是第二週以軍大舉反攻，敘軍就退出了戈蘭高地。以軍在西奈越過蘇伊士運河停火線，直到聯合國停火令生效為止。

停戰促成了以埃外交關係的正常化，埃及妥協成為第一個承認以色列的阿拉伯國家。其他阿拉伯國家卻更加仇恨西方國家和以色列，聯手反對西方帝國主義。西方各國害怕中東各國會停止出售石油以及關閉蘇伊士運河，油價漲了300%，從每桶3美元漲到每桶12美元，迫使美國不得不找尋其他方法提供自己的能源需要。

第二次石油危機是在1979年，伊朗發動白色革命，推翻了美國支持的巴勒維王朝，代之以何梅尼領導的伊斯蘭共和政權。新政權偏左翼的伊斯蘭教義派。當時雖然全球油料供給只下降了不到4%，油價卻在一年中持續上揚超過一倍，達到了每桶39.50美元。

1980年兩伊戰爭開打，伊朗產油量銳減，伊拉克產油也大幅下降，這一次的石油危機延續了好幾年。我專攻有機金屬化學（organometallic chemistry）和催化反應，但在1982年獲得博士學位後，幾乎找不到石油公司提供的博士後研究獎學金。平常最容易申請的美國化學學會博後石油研究獎助金（ACS PRF）變得困難重重，「能源危機」對我而言就是

「財源危機」，才認清全球危機離我咫尺而已。

1986年我回台灣任教，1990波灣戰爭又起，原因是伊拉克侵略科威特，推翻了科威特政府，號稱統一大伊拉克。伊拉克發動戰爭後，受到國際制裁，使其原油供應中斷。再加上沙烏地阿拉伯的石油生產受到威脅，原油價格從7月底的每桶$21元上漲到10月中旬的每桶46美元。

1991年，美國聯合了34國，在聯合國授權下舉兵進攻伊拉克，媒體稱之為「沙漠風暴」。伊拉克撤退前，一把火燒了科威特的油田。大火延燒了10個月，中東石油生產幾年後才恢復。這次石油危機相對的影響較小，但是我的催化反應研究依賴鈀（Pd）和鉑（Pt）的貴重金屬，其市價隨著國際金價大幅飆高，在台灣採購貴重金屬也遭池魚之殃，多燒了一大筆錢。

自從19世紀以來，地球就進入了高度倚賴化石燃料（fossil fuels）發電的時代。到了20世紀中葉，石油和煤甚至成為化學、化工、電子等工業的基礎生材料（raw materials）來源。能源危機是全世界的難題，狹義的能源危機，是指能源的供給在經濟上發生了較大的瓶頸壅塞現象。更容易感受的就是地方的高油電價格反映在工業、交通燃料或民生價格上。一旦油料吃緊，生活花費急速飆高，危機感當然就直線上衝。

21世紀的能源危機更為頻繁，原因也更複雜。19世紀

末，歐洲工業革命的號角吹醒了近代科學的實用主義，除了機器取代了人力、獸力，人類更學會了生產二級能源，即電能。舉凡現代和未來的一級能源，如化石能源、水、核能、風能、太陽能……全都被轉成電能使用。電便於輸送，容易轉換，使用效率高。兩百年以前，生命是攝取物質來獲得生存必需的能量；有了電，人類轉為利用科技取得能量，就可以換取豪奢的物質生活。但大量增加的人口訴求更高品質的物質生活，能源危機遂應運而生。

人類這才領悟：每一顆行星一旦到了能夠發展高科技的所謂「智慧生命」出現，表面上適應主宰了環境，欣欣向榮，然而人口遽增，靠著自己創造的技術濫用能源、物資，以滿足私慾。「能源危機」可能就是智慧生命和這顆行星的警戒之門。這是宇宙為大自然設立天譴的承載門檻，沒有生命能拒絕臣服。

隨能源危機而來的就是環境危機，這是濫用能源物資必然的結果。環境危機依其發生的區域，可分成空氣污染、水資源污染、土地污染、生態污染等。全球性環境危機影響尺度巨大，科學家尚無徹底解決的方法。以下舉出其中影響特別大的幾個危機。

南極臭氧洞

20世紀的70年代，科學家用光譜儀偵測，可以測到大

氣平流層臭氧明顯地濃度下降（ozone depleteon），尤其春季現象格外嚴重，在南極上空形成了所謂的「臭氧洞」（Ozone hole）。

荷蘭的克魯琛在70年代主張：N_2O 可能在平流層產生了一氧化氮（NO），化學上屬於帶有奇數電子的「自由基」。自由基的化學活性比一般化合物要來得特別大，可與臭氧快速反應，因而大幅降低了臭氧量。

後來，美國的羅蘭（Frank Sherwood "Sherry" Rowland, 1927-2012）和他的墨西哥博士後研究員莫林納（Mario José Molina-Pasquel Henríquez, 1943- ）則提出：噴霧罐中的壓縮噴霧劑「氯氟烴」（CFC, chlorofluorocarbon）也可能上升到平流層大量累積，經由紫外光照射釋出帶奇數電子的氯原子，催化臭氧的分解。這個假說曾經被噴霧工業界人士嚴厲駁斥為「荒誕胡扯、不知所云」。這場公開論戰很快地被科學研究平息，羅蘭—莫林納假說（Rowland-Molina hypothesis）獲得了平流層光化學實驗所測得數據決定性的支持。

臭氧（O_3）、一氧化氮（NO）、氯原子（Cl）的電子結構都含有奇數的電子，都屬於「自由基」。這些物質如果是大量存在於生物生存的環境中，十分容易引生皮膚癌，對健康有害，甚至會致命。

新的實驗還顯示：含溴元素（Br）的鹵甲烷滅火劑「海龍」（halon）是更糟糕的臭氧破壞物質。1976年，美國科學

院發表報告公開說明研究結果，並於1987年為了防止臭氧洞繼續惡化，簽署了國際協約《蒙特婁議定書》（*Montreal Protocol*），決議限制氯氟烴的生產，1989年執行，1996年終於完全禁止生產氯氟烴化合物。克魯琛、羅蘭、莫林納三人則因為環境化學的貢獻，在1995年共同獲得諾貝爾化學獎。

21世紀初，臭氧洞似乎有逐漸彌補填充的趨勢，不過在2019年到2020年，南極臭氧洞的大小又開始不穩定地震盪，從最小的臭氧洞變成了2020年呈最大、最深的狀態。除了極地寒冷氣候的原因，科學家認為含氯、溴的化學物質在平流層累積的因素仍然無法全然排除，如何避免臭氧濃度的下降，將是人類的長期挑戰。

全球暖化

地球大氣層有一個救命法寶，維持了地球表面的適居溫度，就是天然溫室效應（natural greenhouse effect）。紅外線是影響溫室效應的關鍵輻射能量，地球吸收了太陽輻射，再釋回大氣的光線就是紅外線的輻射。此時的大氣層有如一個玻璃暖房，裡面的溫室氣體（greenhouse gas）吸收了紅外線，可以再輻射回地球，因而維持了地表溫暖的氣候。

溫室氣體吸收紅外線的原因，是因為氣體分子中的原子振動的能量，恰好落在紅外線的範圍，自然界的溫室氣體，包括水蒸氣約佔36-70%，二氧化碳（CO_2）大約佔9-26%，

其他溫室效應指數很高的氣體還有臭氧（O_3）、甲烷（CH_4）、氧化亞氮（又稱笑氣，N_2O）。至於人造溫室氣體氫氟碳化物（HFCs），氯氟烴（CFCs）與六氟化硫（SF_6），氮與硫的氧化物 NOx、SOx 等，都是溫室效應指數很高的氣體，即使在空氣中含量相對有限，溫室效應的影響仍然不容忽略。

工業革命之後，人類的行為嚴重影響了大氣，譬如大量燃燒化石燃料產生的二氧化碳、畜牧業產生的甲烷，在大氣中的含量都明顯上升，造成了全球暖化（global warming）的現象。這種非自然因素（人為溫室效應）導致的全球暖化，值得全人類的警惕。

人類世大氣中的二氧化碳濃度，從18世紀初的280 ppm，上升到現在超過400 ppm，遠高於全新世的其他時間，使得地表的平均溫度約上升了1.1 ℃。跨政府氣候變遷委員會（IPCC）預測：21世紀的二氧化碳濃度有幾種可能的上升模式，造成的全球增溫可能從2.6 ℃到8.5 ℃！

全球暖化是一個極為嚴峻的人類行為嚙食氣候變遷的現象，影響能量的尺度非常大。依照目前的評估，如果全球平均溫度的上升不能控制在1.5-2.0 ℃的範圍以內，極端氣候、兩極冰蓋與冰河溶解、海平面上升、超級颶風、海洋酸化、生物多樣性下降等災難都可能失控，並在本世紀發生或加劇。

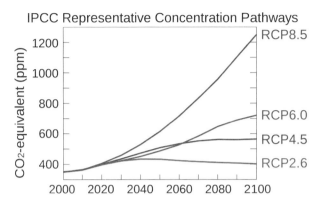

IPCC預測21世紀的CO2濃度變化與溫度上升

　　在中、美等大國都不積極合作的情況下，要限制全球增溫在約1.5 ℃以內而不超過2.0 ℃，前景並不樂觀，許多科學家甚至悲觀地認為這個機會可能已經不存在了。

海洋污染

　　很難想像太陽系最美麗、充滿生命的海洋，已經被當今的海洋污染（marine pollution）影響，成為人類世中重大的環境污染問題。

　　海廢（ocean wastes）指的主要是人類製造的陸地廢物被大量傾倒、或沖刷到海中，包括醫療廢棄物、塑膠與塑膠微粒（microplastics）等。科學家在20世紀中如獲至寶地發明塑膠的人造材料時，絕未想到它會在短短五十年內廣泛地污

染了海洋與陸地，幾乎比燒汽油的汽車更嚴重影響能源和製造都市污染，發明塑膠的工程師及科學家也感到愕然與挫折。

海中的塑膠會不斷地分解，所有小於5mm、一直到奈米級大小的塑膠粒，都算是塑膠微粒，其總量難以估計。大部分的海廢可能是源自塑膠纖維衣物和人類穿戴用品。分解後的微粒大多會進入海洋食物鏈，進入海中生物的體內，最後進入食用海產的人體中。真正的污染危害程度，目前仍然無法全盤估量。

未來的塑膠產業，是積極地發展既有塑膠材料的化學改質和物理改質，尤其是在聯合國永續發展目標（SDGs）的推動下開發綠色循環經濟，使得塑膠材料能重複循環使用。無論這些手段是否治標不治本，現在也只能且戰且走。

海洋酸化（Ocean acidification）也是正在發生的海洋環境問題。有人預言海水的pH值將會在本世紀從8.2持續下探到低於8.0，pH值下降造成的碳酸鈣溶解，將對海中鈣化生物的存活與否帶來極大的挑戰。此外，海洋酸化會改變海水的透光度，影響光合作用，也會改變聲音在海水中的傳播，海洋將更噪雜，嚴重破壞海洋中的生態多樣性。

除了全球性的海水污染，台灣海岸堆積的海廢中，有非常大量的保麗龍填充材料和手搖飲杯。根據淨灘大數據顯示：每年淨灘可以拾獲超過20億個手搖杯，大家可以自己估

計每人的平均月耗量是多少。台灣處於亞熱島，珍珠奶茶天下曉，人手一杯樂逍遙，塑膠海廢吃不消！身為島民的我們，是否該為所居住的環境多盡一份心力？

科技並非萬能

此外，諸如都市或大區域的空氣殺手PM2.5、PM10.0；海洋過度漁撈；極地冰蓋加速溶解，造成低地或海島的海平面上升，例如度假勝地馬爾他島在這個世紀不再存在；還有水資源不足、超用地下水、土地沙漠化、核能污染、核廢料處理、外來種侵入、雨林消失、嚴重飢荒、基因改造食品、全球疫疾大流行……要數算今天地球上的環境問題，真是罄竹難書。更糟的是，其中不乏瀕臨嚴重危機，卻又左右一些國家社會經濟命脈的災難。

面對這些問題時，我們啞然發現科學似乎不再是無礙不破，遇到任何問題都能迎刃而解；那些彷彿超能力的先進科技，諸如電子科技、資訊科技、AI、大數據、面孔辨識、語音控制、基因編輯、遺傳科技、生醫技術、大腦科技……雖然能夠把我們帶入近乎科幻的境界，一旦遭遇到環境、能源、永續等「大尺度問題」和「大問題」時，其實仍是一籌莫展。

生態學家詹姆斯・洛夫洛克曾說過許多銘言，其中一句是：「文明到目前為止還是不夠長久！」[4] 像大自然這樣複雜

的系統,即使運用大數據,常常也是難得其解。地球維持生命永續的訣竅究竟是什麼呢?畢竟科學在演化面前連嬰兒都算不上。自然的永續、生態圈的穩定,是人類唯一能夠選擇的方向。

注釋

1 Quotes to Chomsky "Our ignorance can be divided into problems and mysteries. When we face a problem, we may not know its solution, but we have insight, increasing knowledge, and an inkling of what we are looking for. When we face a mystery, however, we can only stare in wonder and bewilderment, not knowing what an explanation would even look like."

2 氧化鐵(iron oxide, Fe_2O_3)、橄欖石(olivine,$(Mg,Fe)_2SiO_4$)和輝石(pyroxene, $(Mg,Fe,Ca,Na)(Mg,Fe,Al)-(Si,Al)_2O_6$)

3 《大師說化學》(*The Same and Not the Same*),霍夫曼(Roald Hoffmann)著,呂慧娟譯,天下文化,2019年。

4 Quote to Lovelock "Civilization in its present form hasn't got long."

第 4 章

生命的演化

第六次生命大滅絕
將是人類世的宿命嗎？

　　1859年，達爾文出版《物種源起》，主張生命都是從自然環境的天擇過程中，不斷改變、演化而生。演化（evolution）是遠超乎想像而極為久遠的世代中，生命形式發生變化的過程。

　　達爾文說：「既非最強的，也非最聰明的得以生存，而是最能適應環境的才能存活！」[1] 經由物競天擇，適者生存的機制，在數十億年中促成生命的生生息息。這是在地質學出現之前，對於地球能有悠長時序，加諸生命體變化機制的創新思維。

　　達爾文認為，單只學習正確的知識，而不會思辨，很多是死知識。然而錯誤的知識，只要能引出對的問題，未必不能啟發偉大的思考。由此可見，會問好的問題才是真知灼見的起源。

　　他的演化學說遭到19世紀英國保守思維無數的訕笑與譏諷，宗教界的保守衛道之士對他大肆撻伐，將他描繪成猩猩，譏笑他的主張。20世紀又有美國基要教會強烈反對，甚至經歷許多法律論戰。至今，許多信徒仍然相信地球只有約四千年的光陰，地球上的一切活物都是上帝在開創天地時所造，世界上仍有教育界爭論著應該教導創造論還是演化論的對立。

　　今天科學家的世界觀在近代地質學的加持下，多認為地球有46億年的壽命，其中三十多億年存有生命。在這種生命

達爾文發表《物種起源》後，嘲諷的辱罵聲比比皆是。

永續的環境中，並非一切都是恆常不變。超過了99.9%、總數約有50億的物種（species），都已經滅絕了。今天地球上的生命，絕大多數過去都不曾存在。

　　隨著遺傳學、生物學、分子生物學陸續興起，演化理論的證據越來越多。「生命演化」的觀點，就像對於「大霹靂是開創宇宙」的知識，兩者都應該是現代先進國家中知識公民的基本素養。

演化之舞——Life finds its way!

　　46億年的地質時間，對年不過百歲的人類而言是個天文數字。人一生的壽命七十歲，強壯的不過百歲，很難想像幾十億或百億年的時光究竟是怎麼樣個長法。

　　進一步仔細了解遠古地球，可以說大自然寫下的歷史就是一部生命演化史。從最初始的細菌，到今天世界上充滿了所謂的智慧生命，真是好一齣精采絕倫的演化之舞。地質學家和古生物學家各自有一套計算時間的尺標。把地質年代和化石年代並列，就可以看清楚演化之舞的橋段。

地球生命演化

　　如果把地球46億年的歷史放在熟悉的24小時框架中，估計生命起源約是35億年前後的最老細菌化石，約是發生在天光乍現的時分：早上4:00- 5:36。

　　長期地表的鐵礦助長了藍綠藻的光合作用，使得地球大氣中逐漸有了豐富的氧氣，完全改變了地表生化環境。這是距今約34.5-19.3億年，大約在上午6:00到午後13:52。

　　真核單細胞藻類可能是細菌與古菌共生演化的結果，大約發生在距今19億年前後，約在下午14:00之後出現。植物的有性生殖則出現在距今大約10-12億年，約為下午18:00。

　　寒武紀生物大爆炸時期，三葉蟲約在距今5.4億年出

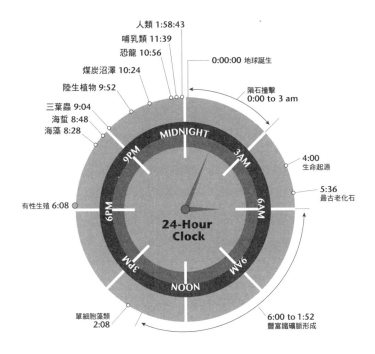

人類 1:58:43
哺乳類 11:39
恐龍 10:56
煤炭沼澤 10:24
陸生植物 9:52
三葉蟲 9:04
海蜇 8:48
海藻 8:28

0:00:00 地球誕生

隕石撞擊
0:00 to 3 am

4:00
生命起源

5:36
最古老化石

有性生殖 6:08

6:00 to 1:52
豐富鐵礦脈形成

單細胞藻類
2:08

MIDNIGHT
9PM
3AM
6PM
6AM
24-Hour
Clock
3PM
9AM
NOON

24小時框架下地球的生命演化

現，大約是晚上21:00；陸地上有枝幹的維管植物約出現在
距今4.3億年，是21:52。最早的兩棲類動物在距今3.8億年
登上陸地，大約是晚上22:00。恐龍在距今約2.3-2.4億年出
現在地球上，大約是22:56-23:39，滅絕於6,600萬年前，稱
霸地球約有1億8千萬年之久。恐龍的滅絕造就了哺乳類的
生存契機，是在最後的半小時以內（23:40）。人類出現在地
球上，則已經差不多是最後約1分鐘了。

智人文明發生的「全新世」有11,700年，在24小時中只是2.2秒，所以我們熟悉的「文明世界」在這24小時中真的是「短到彈指之間」。

從冥古宙到元古宙

從地球開天闢地起，46-40億年的期間稱為冥古宙（Hadean, 4567-4000 Ma，Ma＝百萬年），也就是指比已知岩石更早之前的時期。在這地球形成的最初階段，應該有過隕石撞擊、高溫、熔岩翻天覆地的淬煉，月球也在此期間形成。

目前尚未能確認此一時期的地表岩石，而地球上能夠找到最老的礦物，則是在澳洲大陸西部得到的鋯英結晶，成分是矽酸鋯（$ZrSiO_4$），放射線定年有43.7億年之久。鋯英結晶可耐數千度的高溫，是經歷了極高溫的最老的晶礦遺跡。

40-25億年的期間稱為太古宙（Archean, 4000~2500 Ma）起始於約40億年前的內太陽系經歷了重轟炸後期的結束，已有可靠的最古老岩石記錄的地質年代，一般是以高度變質的變質岩（metamorphic rock）為主。加拿大西北部找到的阿卡斯達片麻岩，定年有40.3億年，是目前地球上已知最老的岩石。

格陵蘭西南部找到最早的沈積岩伊蘇阿綠石帶發現變質的鐵鎂質火山沉積岩，利用鈾—鉛鋯石定年法分析的結果，

距今約有37-38億年。有研究團隊認為該處有微生物或藍綠藻堆砌構成的疊層石，不過事實上，古代的疊層石只有少數含有微生物化石，在尚不穩定的太古宙環境中發生生命的機會，仍有許多爭議。比較可靠的證據是在澳洲西部發現艾佩克斯燧石中的微生物化石，定年的結果是34.65億年。

元古宙（Proterozoic）或稱原生宙的時期，是25-5.4億年間，此時代的岩石已經十分普遍，發育良好，而且已經有細菌和低等藍藻存在。元古宙最重要的環境大事，就是大氣層中氧氣的累積。因為太古宙基本上是個無氧的環境，25億年前的大氧化事件將還原性太古宙以甲烷為主的原始大氣，轉變為氧氣豐富的氧化性大氣，導致了地球持續3億年的第一個「休倫冰河時期」（The Huronian glaciation or Makganyene glaciation）。

距今約24億年時，海中開始增加豐富的亞鐵離子，促使藍綠藻進行光合作用而產生大量的氧氣，稱為「大氧化事件」（Great Oxidation Event）或氧化災變。這些氧來自藍綠菌的光合作用，但突然增加的原因仍不得而知。

大氧化事件使得地球上礦物的成分發生了變化，也導致日後動物的出現。但是氧氣在一個無氧的環境中出現，是莫大的「環境災難」，因為氧氣對許多厭氧生物可說是「極毒」之氣，所以也有人用「氧氣危機」，甚至「氧氣浩劫」來形容當時的狀況。

另一件元古宙生物圈的大事，就是細胞的演化。最早提出原核生物（prokaryote）和真核生物（eukaryote）概念的是法國的夏棟（Édouard Chatton, 1883-1947），最有名的則是馬古里斯（Lynn Margulis, 1938-2011）於1967年提出了葉綠體（chloroplast）和真核細胞中的自主胞器粒線體（mitochondria）是經由「內體共生」理論（endosymbiotic theory）成為細胞胞器的證據。1979年，顧爾德（G. W. Gould）和德林（G. J. Dring）也共同提出真核生物的細胞核可以由格蘭氏陽性菌（Gram positive bacteria）形成芽孢。在20世紀末，細菌的內體共生已經成了十分普遍的學說。

在化石方面的證據，澳洲的苦泉（Bitter Springs）有最早的真核細胞化石紀錄。用碳—14定年包埋這些化石的岩石，發現這些化石約有12億年之久。有些分子生物學家用DNA序列回推演化時鐘（molecular clock），推測大約早在20億年前就可能出現了真核生物。艾克里塔許（Acritarchs）的細菌化石約有16.5億年，格里帕尼亞（Grypania）藻類約有21億年，有些叢枝形的菌類則有22億年之久。整體而言，真核生物的起源有可能更早，但是成為地球上主要的生命形式，可能要晚至距今8億年之後。

寒武紀生命大爆發

顯生宙（Phanerozoic）是5.41億年到251.902百萬年前

的時期，是較高等生物開始以爆炸量出現的世代，分為古生代（Palaeozoic Era）、中生代（Mesozoic Era）和新生代（Cenozoic Era）。

古生代開始於542±0.3百萬年，結束於251±0.4百萬年。包括六個紀（period）：寒武紀（Cambrian）、奧陶紀（Ordovician）、志留紀（Silurian）、泥盆紀（Devonian）、石炭紀（Carboniferous）、二疊紀（Permian）。寒武紀、奧陶紀和志留紀為早古生代，泥盆紀、石炭紀和二疊紀則為晚古生代。

伯吉斯頁岩（Burgess Shale）的名稱是來自伯吉斯通道，位在加拿大英屬哥倫比亞的洛基山脈。黑色的頁岩形成於寒武紀中期，寒武紀是顯生宙的開始，距今約5.41億年前至4.854億年前。

英國威爾斯則是最早被研究的寒武紀地層。大約為5.05億年前。在幽鶴國家公園（Yoho National Park）的伯吉斯頁岩，含有非常著名而且保存狀態極佳的化石床。頁岩中的動物相極具科學價值，其中有化石紀錄中極少見的軟體有機的部分，也有已經石化的部分。

這些化石最早是在1909年由美國古生物學家瓦爾卡特（Charles Doolittle Walcott, 1850- 1927）所發現。他曾擔任華盛頓D. C.的史密森尼（Smithsonian）博物館館長。他每年都回到伯吉斯的採石場收集樣本，直到1924年瓦爾卡特

74歲時，已經收集了65,000件樣本。瓦爾卡特注意到許多像是節肢動物（arthropod）的微化石，都是新的獨有種。

1962年，西蒙尼塔（Alberto Simonetta）著手重啟調查瓦爾卡特留下的東西，才注意到瓦爾卡特只觸及伯吉斯頁岩

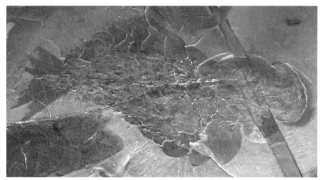

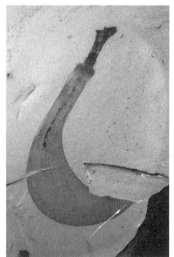
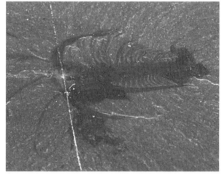

伯吉斯頁岩中的寒武紀生物化石

化石的皮毛。也是在那時，才有人注意到化石的生物根本無法依照現有已知的生物分類。

最近的研究結果，更證明其中許多是全新的動物門（animal phyla）。即使在21世紀，有些無脊椎動物（invertebrates）的化石還是無法分類。顯然在五億年前的寒武紀，曾經發生過海中較高等全新生物的爆量發生事件。

1984年在中國的雲南澄江縣，也發現了保存十分完整的澄江古生物化石群，時間距今約有5.20 -5.25億年。整理的結果共涵蓋了16個門類、200餘個物種的化石。由於化石埋藏地質條件十分特殊，不但保存了生物硬體化石，更保存了非常罕見清晰的生物軟體印痕化石。

中國科學院南京地質古生物研究所的侯先光研究員，首先在澄江縣帽天山的頁岩地發現了娜羅蟲（Naraoia）的化石，這是海中的一種節肢動物，長2-4.5 cm，存活於寒武紀到志留紀。這是世界上第二個寒武紀生命大爆炸的遺跡，實際的時間比伯吉斯頁岩化石更要早1千萬年以上。

這種海中生命爆量的出現，猶如聖經創世記的七日創世，許多信徒相信地球上所有的活物是七日內由上帝所創造出來，各從其類，是所謂的「創造論」（creationism）。但如此解釋在極短的時間內，地球上突然出現了大量、多種類的生命，基本上就是卓姆斯基所說的，將不解的問題歸入「神祕」（mistery），只有愕然的驚嘆，沒有悟性理解的突破。

　　科學家根據化石資料,「寒武紀大爆發」沈積化石群,是在5.41億年前的寒武紀,幾乎所有重要的動物門都在很短的1千3百萬年到2千5百萬年的時間內出現了。在46億年的自然史上,這種幾乎是「轉眼」或「瞬間」的短時間內發生的大量較高等動物的多樣性,是極為少見的例子,也導致了大多數現代動物門的發散。此外,事件前後的生物複雜度也相差甚大。

　　動物界的「門」(phylum)是生物分類法中的一級,位於界(kingdom)和綱(class)之間,有時在門下也分亞門。目前動物界有34個門,植物界則有12個門(Division),真菌界有8個門。現有的系統發生學就是研究不同門之生物間的關係。

　　生命大爆發之前的生物體,大多為單細胞生物或是菌落,但大爆發之後的生物體卻和現在的海洋動物頗為相像,多樣化速率的加速和生命的變異程度也與現今相似。雖然這究竟是化石資訊不足,還是寒武紀當時環境或是生物本身的因素所致,至今尚無定論。有人提出盤古大陸「超級大山」的形成和毀滅,可能是導致生命界劇變的原因。

　　無論如何,寒武紀大爆發的事件,事實上開創了顯生宙,註記了古代生物史上生命發生至為精采的一頁。

魚類出現、兩棲動物登陸

　　早古生代是海相無脊椎動物最繁盛的時代。主要古生物包括三葉蟲（trilobite）、珊瑚（coral）、海綿動物（sponge animal）、苔蘚蟲（moss）、腕足類（brachiopods）、筆石類（graptolite）、水母（jellyfish）、海百合（sea lily）等。早古生代後期開始出現了魚類。到了早古生代末期，原始植物例如海邊生存的半陸生低等植物已經開始登陸。晚古生代時，海中的無脊椎動物仍然相當繁盛，但脊椎動物（vertebrates）才剛出現。

　　早古生代晚期出現的魚類，在泥盆紀時期最為發達，時間約為419-359百萬年。在泥盆紀晚期約370百萬年前逐漸演化出原始型的兩棲類，開始了海中動物登上陸地的壯舉。

　　石炭紀就是360-345百萬年前，為兩棲類最繁盛的時代。石炭紀的中、晚期開始出現原始的爬行類動物。在二疊紀時期，298.9-251.902百萬年，爬行動物有了進一步的發展。

　　晚古生代時，陸生植物群已經有蓬勃的發展，成為古生物界的另一個顯著特徵。此一時期主要為厥類孢子植物，泥盆紀時期開始出現小型森林。到了石炭紀及二疊紀時，各種高大的木本類植物如蕨類（fern）、石松類（lycophyte）、種子蕨（pteridospermatophyta）及真蕨類（filicinae）等開始形成高大的森林，這有可能成為往後一部分煤層的來源。

中生代與恐龍帝國

中生代（Mesozoic Era）是顯生宙的第二個階段，義大利地質學家阿堆諾（Giovanni Arduino, 1714-1795）初發表時稱為第二紀。時間為252.66百萬年，可區分為三個紀（period）：三疊紀（Triassic）（251.902 - 201.3百萬年）、侏羅紀（Jurassic，201.3-145百萬年）和白堊紀（Cretaceous，145-66百萬年）。

板塊活動在這個時期極為活躍。約為245百萬年，分裂的岡瓦那大陸（Gondwana）在新元古代到侏羅紀前期（約5.73億至1.8億年前）的超大陸，從羅迪尼亞大陸分裂出來岡瓦納大陸和勞亞大陸。在三疊紀時又集結在一起，形成盤古超級大陸（Pangu super continent）。大約在侏羅紀的中葉，約180百萬年，陸地逐漸分裂成現今五大洲、七大洋的局面。由於板塊運動不會停止，預計2億5千萬年後，陸地將會再集結成一塊超級大陸！

中生代是恐龍王國，爬行動物及恐龍空前的繁盛時期，演化在這個階段隨著陸地、海洋的改變，也是格外蓬勃。如雷龍（brontosaurus）、梁龍（diplodocus），以草食為主，身軀龐大，可長達30公尺、重達60噸。在這個時代也有以肉食為主，身形強壯龐大但十分靈活的霸王龍（tyrannosaurus）。此時期不僅陸地上有恐龍，海洋中有魚龍（lchthyosaur）、蛇頸龍（plesiosaurus）、滄龍（mosasaur），

天空中也有翼龍（pterodactyl）類等，多樣性十分可觀。許多專家甚至認為白堊紀之後的許多恐龍可能是溫血動物。

好萊塢極盡能事地把古生物學家在近半世紀獲得的恐龍知識都搬上了銀幕。天有不測風雲，如此興盛的恐龍王國竟然也抵不住天外飛來的橫禍，可見生命的演化沒有必然，只有偶然！

中生代時期，鳥類、小型哺乳類動物都開始逐漸發展。無脊椎動物中，以菊石（ammonites）、箭石（belemnoidea）類等軟體動物最為顯著。中生代末期是地球上生物演化的巨大變革時期之一，原來極其繁盛的爬行動物恐龍類在中生代末期突然全部滅絕，海洋中盛極一時的菊石、箭石類（屬軟體動物）也幾乎同時全部滅絕。而中生代晚期逐漸發育的哺乳動物及鳥類，由於適應性較強，就逐漸取代了恐龍空出來的生態區。

新生代的鳥類與哺乳類

新生代（Cenozoic Era）是哺乳動物最為發達的時代，其中絕大部分生活在陸地上，但也有些生活於海中，如鯨魚、海豚等，也有生活於空中的動物，如翼手類的蝙蝠。新生代晚期開始出現人類。新生代植物則是以被子植物（angiosperms）為主。

新生代常常被認為是哺乳類和鳥類的王國，分成古近紀

（Paleogene，65.5-23.03百萬年）、新近紀（Neogene）（23.03-2.588百萬年）及第四紀（Quarternary，2.588百萬年-現在）。

古近紀地理上的變化在大陸的陸塊進入現在的位置前，包括澳洲脫離了南極陸塊向北移動；印度陸塊與歐亞陸塊接合，形成南亞次大陸；歐亞陸塊與北美陸塊之間有白令陸橋；北美與南美有時以巴拿馬地峽連接；陸生動物就可以往來遷徙。阿拉伯半島與非洲分手，卻與亞洲相連；世界上的高山譬如阿爾卑斯山脈、阿特拉斯山脈、喜馬拉雅山脈、洛基山脈、安地斯山脈都於新近紀時形成。

古近紀的結束是定在古新世（Palcocenc）—始新世（Eocene）的極熱事件，或稱為第一次始新世（Pleistocene）極熱事件，是2.58百萬年～11,700年前，古新世是古近紀的最後（第三）世；始新世是新近紀的第一個世代。所謂極熱事件，是全球暖化造成平均溫度高了5-8℃。測定的方式是利用全球海、陸的碳酸鹽和有機碳中碳的穩定同位素比較而得。顯示大氣中含碳元素的二氧化碳和甲烷量異常的增加造成暖化，也有科學家認為全球暖化和當時北大西洋火成岩區的火山作用和隆起有關。

第四紀的出現，則是根據稱作「米蘭科維奇」（Milutin Milankovitch, 1879-1958）循環所定出的地質年代。這時候已經有人類出現在非洲大陸了。第四紀分成兩個世代，更新

世（Pleistocene）是258萬年到11,700年前，接下來就是目前智人活躍的全新世（Holocene，11,700年到現在）。

更新世的氣候，與前後相較明顯變冷，從南極冰芯中測得大氣的二氧化碳濃度，可以知道冰期和間冰期的交替，造成歐洲在最近的80萬年中發生過大約10年一循環的低溫，這與人屬的演化或許有著難以分割的關係。

智人出現的時間可能遠早於30萬年前，要走過至少兩次主要的冰期，才能成就今天的文明，說我們是「冰河之子」一點兒也不為過。

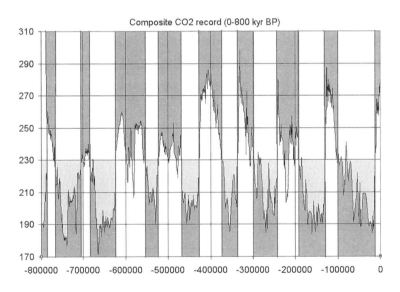

最近80萬年的地球溫度變化

生物大滅絕

地球歷史上曾經有五次全球性的生物大滅絕（Extinction），而生態學家認為我們正處在「第六次滅絕」中，自然環境顯示，物種消失的速率遠遠超過了生物物種自然消失的速率。至於單一滅絕的物種，還是要仰賴直接的觀察和統計，或是化石的考古來認定。

古生代至中生代生物大滅絕事件

生物的大滅絕，在地球亙古以來的歷史中絕非僅有的事件。古生代就有過三次大滅絕事件。最早的一次是奧陶紀—志留紀滅絕事件。時間約為距今455-430百萬年，考古數據顯示造成了85%的物種滅絕，根據化石資料，腕足動物門、苔蘚動物門、頭足類、三葉蟲類、筆石類、珊瑚、濾食型蜉蝣生物（plankton）等都大量減少。肇因或可能是崗瓦那古陸快速的大陸冰期，使得海水溫度驟降所致。

第二次是晚泥盆紀滅絕事件，發生在376-360百萬年前，有70%的物種滅絕，包括19%的科和50%的屬完全消失。此期間比較嚴重的有凱爾瓦賽事件（Kellwasser event），造成海中生物大量滅絕。另有罕根堡事件（Hangenberg event）可以在地層中找到砂岩沉積覆蓋的黑色缺氧頁岩層，是泥盆紀與石炭紀的地質分界，其時海裡、陸地都有生物滅

絕。大滅絕發生的原因可能性很多，諸如全球寒化、海底火山噴發、海平面變化、海洋缺氧、岡瓦那大陸飄向南極或天體撞擊等都不能排除。

地球歷史上最嚴重的一次是二疊紀—三疊紀之間的滅絕事件，簡稱P-Tr或P-T事件。時間大約為252百萬年，這次的事件區隔了地質學上的二疊紀和三疊紀，也是古生代和中生代的分水嶺。96%的海洋物種以及陸地上70%的脊椎動物物種，在P-T事件中都滅絕了。此外還包括歷史上最大量的昆蟲滅絕，57%的科和83%的屬都消失殆盡，所以也有人稱此事件為「大死亡」。

這次事件發生的原因，可能是隕石或小行星的撞擊、火山爆發、氣候變遷，或是海底釋出了大量甲烷氣體。德國作家薛欽在2004年所寫的驚悚科幻小說《群》，[2] 書中提到海棚下在低溫高壓時甲烷在水中形成混合體，稱做水合甲烷（Methane hydrate），當壓力下降或溫度上升時可能氣化，甲烷氣體可能大爆發，或許就是以P-T滅絕事件做為靈感來源。

大滅絕時期過去後，空出來的生態區位可能很快有新的物種補上。當環境合適時，某些生物喪失的機會，常常可以成為其他適應生物生存發展的契機。

中生代有兩次大滅絕事件。三疊紀—侏羅紀滅絕事件也稱「末三疊紀滅絕」，標註了三疊紀和侏羅紀的分野，時間

是201.3百萬年前。演化了3億年的牙形石綱（conodonta）整個消失殆盡。23-34%海洋的屬消失了，陸地上的主龍形下綱（Archosauromorpha）、鱷形超目（Crocodylomorpha）、翼龍目（Pterosauria）都滅絕了，消失的恐龍還有堅蜥目（Aetosauria）、 植 龍 目（Phytosauria）、 勞 氏 鱷 科（Rauisuchidae），一些剩下的獸孔目（Terapsida）和大型離片椎目（Temnospondyll）的兩棲類在侏羅紀之前就滅絕了。

滅絕發生的原因，可能有氣候變遷、海平面異動、突發的海洋酸化越過了門檻臨界點。生態環境踰越了平衡的邊際，造成了生態條件的崩潰，於是物種滅絕像是傾圮的金字塔，一發而不可收拾。

比較為大眾所熟知的白堊紀—古近紀滅絕事件，就是地球史上第五次大滅絕。6,600萬年前的彗星撞擊墨西哥尤加坦半島（Peninsula de Yucatan）位於中美洲北部、墨西哥東南部的半島，墨西哥灣和加勒比海之間，東靠加勒比海，西臨墨西哥灣和坎佩切灣。這次撞擊造成的希克蘇魯伯隕石坑（Chicxulub crator），平均直徑約有180公里，是地球表面最大型的撞擊地形之一。

這是名列前茅的地表爆炸事件，雖然不是大滅絕事件中最大的，但是所有的飛行類恐龍、滄龍科、蛇頸龍目、翼龍目、菊石亞綱以及多種植物都滅絕了。哺乳類和鳥類反而得以幸運存活而且輻射演化，成為新生代的優勢物種。

第六次大滅絕？

人類引以自傲的科技文明迎來了新的人類世，卻疏忽了人類也正在製造大自然中第六次，也是第一次非自然原因的生物多樣性快速消失！

目前地球上約有1,000萬到1,400萬的物種，其消失速率大約是自然背景滅絕速率的100-1,000倍。

大量快速消失的物種

物種在正常時期的滅絕發生率稱為「背景滅絕率」，這是很不容易估計的工作，必須結合所有的化石資料庫，並且要做長期的追蹤。

每個生物族群的背景滅絕率都不一樣，通常是以每年100萬物種當中有多少物種滅絕來表示。以哺乳類為例，大約每年100萬物種會發生0.25次的滅絕事件。換句話說，世界上大約有5,500種哺乳類，背景滅絕率預期每七百年會有一種哺乳類消失，一個人的一生應該很難注意到這種改變。

但是現在有約28%的瀕危物種，在21世紀結束前，包括全世界的大型哺乳類可能都會面臨危急存亡之秋，這樣的數字不可謂不高。

寇伯特（Elizabeth Kollbert, 1961- ）在她2014年出版的《第六次大滅絕，不自然的歷史》一書中強調：「如果第六次的滅絕事件發生，極可能是人類造成的。」[3] 最可能的因

素，還是人類殖民式的生活剝奪、侵犯了其他物種的生存棲息地所致。

海洋酸化

　　寇伯特的書中記錄了許多生物、生態、地質、考古學家第一手的研究結果。以那不勒斯附近火山口周遭海域的調查為例，顯示藤壺、貽貝、珊瑚藻、顆石藻、龍骨蟲、多種珊瑚、海螺、魁蛤、海綿、鯛魚、海膽等都在減少或消失。尤其是海水酸度達7.8的海域，69種動物、51種植物中約有1/3都不見了。

　　海洋酸化（ocean acidification）是二氧化碳濃度快速上升的直接結果，人類大量燃燒煤與石油，無疑是將自然蘊藏的碳快速釋放到地表環境中的主因。專家指出：二戰後的二氧化碳排放速率是空前的加速上升。當今人類世的暖化作用，比起上一個更新世每一個冰期後的暖化，起碼快了超過一個數量級。地球已經有上千萬年沒有人類世這麼熱，可能連演化都忘了如何選擇能夠耐熱的基因。如果耐熱的DNA已經消失，生命已經不復保有這樣的特質，那對人類世就是真正的噩耗。

　　海水的pH值7.8或許是海洋生態的酸度臨界點，超過此臨界點，3/4的消失物種會是鈣化生物。海洋酸化會嚴重地改變海水及其中的生態，譬如微生物族群的組成；獲得關鍵

養分的方便程度；光線穿透海水的透光度影響海藻的生態；
當然也影響光合作用；聲音傳播的情形將使得海洋更嘈雜；
溶解性的金屬化合物也會改變；鈣化生物如海星、海膽、蛤
蜊、牡蠣、藤壺、珊瑚等會因為缺鈣而大受影響，尤其是造
礁珊瑚的白化現象——珊瑚蟲集體死亡，會使得依靠珊瑚生
存的生物多樣性大幅下降。而珊瑚一旦消失，海中生態系必
然崩解。

　　珊瑚是人類以外也會建造龐大「公共工程」的生命體，
例如綿延超過2,600公里的大堡礁，最厚的地方有150公
尺，這種規模即使是人類最大的工程都望塵莫及。珊瑚礁可
能支持了數百萬種海中生命共同生存或賴以捕食的環境，是
海洋「撒哈拉沙漠裡的雨林」。這樣的依存關係也許已經存
續了許多個地質世代，卻可能在這個世紀慘遭大幅損毀。

　　大氣科學家考戴拉（Ken Caldeira）是「海洋酸化」一詞
的創始人，他認為未來幾個世紀的海洋酸化程度，可能造成
超過數億年的影響程度。

　　實驗還顯示：生活在北極，看起來像是長了翅膀的海
螺，以及對海水酸度非常敏感的翼足類海蝴蝶也會瀕臨危
機。海蝴蝶是鯡魚、鮭魚、鯨等的重要食物，海水變酸，食
物鏈必然受影響。而鈣化生物如笠貝的殼，甚至會出現破
洞。此外，1/3的造礁珊瑚、1/3的淡水軟體動物、1/3的鯊
魚及魟魚都將消失。而某些增加的物種，譬如超微浮游生

物，它們會消耗掉更多養分，使食物鏈上層的生物大受影響，進而使生態結構崩壞。

熱帶雨林的消失

除了海洋外，嚴重影響生物性下降的原因還有熱帶「雨」「林」的減少。低緯度的雨林是地表生物多樣性最豐富的地方，而亞馬遜雨林因為過度開墾，興起了「破碎森林生物動態研究計畫」（Biological Dynamics of Forest Fragments Project）。這是世界上規模最大、時間最長的實驗之一。

從1970年代巴西政府開始鼓勵農牧業，就規定亞馬遜區必須維持至少一半的森林維持原狀。洛夫喬伊（Tom Lovejoy）就試圖說服農場主人讓科學家決定哪些樹要留下來。在巴西政府的同意下，許多方塊形的「森林群島」就成為森林保留區，裡面有許多生態研究正在進行蒐集物種數量的變化。

依統計數字來看，地球上沒有冰的1億3千萬平方公里的陸地，已經開發墾殖了7千萬平方公里。真正杳無人跡的「荒地」只有沙漠、西伯利亞、加拿大北部和亞馬遜河流域，總面積只有3千萬平方公里，這還沒有考慮到許多人為管線穿越、切割這些「荒地」區域的影響。

「破碎森林生物動態研究計畫」發現：破碎森林的生物多樣性隨著時間不斷下降，儘管叢林的多樣性豐富，但是局

部地區滅絕可能演變成區域滅絕，最後成為全球性滅絕。亞馬遜的土地墾伐影響到大氣環流，破壞雨林，不僅造成「林」的消失，也可能導致「雨」的消失。

生物多樣性之父威爾森（E. O. Wilson）和昆蟲學家厄文（Terry Erwin）都曾經估算過，破碎森林中昆蟲的當代滅絕率，可能比自然背景滅絕率高出了1萬倍！這個數字令人難以置信，當然統計的結果可能沒有考慮到滅絕發生所需要的時間，昆蟲的滅絕率也可能不同於其他生物的滅絕率。

科學家在全球的研究結果發現，對環境最敏感的兩棲類和昆蟲，如蛙類與蜜蜂，幾乎都在快速消失中。兩棲類在3億7千萬年前，就從海中率先登陸征服了陸地，生命力十分強悍，但如今兩棲綱可能是世界上瀕臨滅絕危機最嚴重的動物。據估計，兩棲類的滅絕率可能比背景滅絕率高出了45,000倍。

此外，很多其他族群的消失減損情形也頗驚人，受到影響的物種包括植物、動物的哺乳類、鳥類、爬蟲類、魚類、無脊椎動物等。1/4的哺乳類、1/5的爬蟲類、以及1/6的鳥類，也正無奈地踏上人類世的滅絕之路。這些不僅發生在森林中、深海中，更發生在我們居住的城市或後院。

居維葉與萊依爾主張的漫長地質時間

　　法國的博物學家居維葉（Jean Léopold Nicolas Frédéric Cuvier, 1769-1832）是17-18世紀一個天才型古生物考古學家，人稱「古生物學之父」，是19世紀早期巴黎科學界的名人。他不僅是比較解剖學和古生物學領域的開山鼻祖，也為脊椎動物古生物學立下了扎實的基礎。

　　居維葉曾經多次指出：有些化石譬如侏儒象，不屬於當時現存的生物，而應該屬於已經滅絕的生物。這個想法在當時的歐洲簡直是不可思議，但是居維葉憑著對骨頭和化石敏銳的觀察和分析比較的超能力，卻敢於鐵口直斷。更重要的是他有著超時代的世界觀。

　　當時歐洲的世人普遍還不具有生物會滅絕的概念。在教會保守的教導下，人的世界觀相信地球的歷史只有數千年，眼中所見的熟知生物就是上帝創造的一切活物。

　　居維葉說：「為什麼人們看不出來，單單是化石就可以產生一個地球形成的理論，如果不是這些化石，沒有人能夠聯想到地球是由一連串接續的世代所形成。」[4] 這真是一個超越時代的概念！居維葉能見人所未見，敢跨越世人傳統想法的界線，開啟新思維的扉頁。自然界真實的情況中，滅絕才是常態，要生存就必須有強大的環境適應力，同時倚賴天擇的微小機會。

今天幼稚園裏的小娃兒看到恐龍的圖片時，大概很難想像這些恐龍仍然和我們生活在同一個世代的空間裡。大家講起滅絕，像是一件十分普通的事，甚至輕忽了第六次的地球滅絕事件可能正在我們身處的人類世發生。

18-19世紀，英國的查爾士・萊依爾（Charles Lyell, 1797-1875）承襲了蘇格蘭地質學家賀登（James Hutton, 1726-1797）的思維，在他的《地質學原理》中提出了「均變說」。他主張地球是在長期緩慢的過程中變化，這種想法和居維葉主張地球是由許多短期突然嚴重的災變塑造而成的「災難說」（catastrophism）頗不相同，卻是各擅勝場。

他的理論仍然是為了闡明地質學研究自然的有機和無機的世界所發生「漫長的連續變化」，他致力於探究這些變化的原因和影響，以及其形塑地球表面和外在構造的作用和地球深歷史[5]，被稱為「地質學之父」。

萊依爾的書讓許多讀者得以真正認識漫長的「地質時間」的內涵。達爾文在小獵犬號上面航向南美洲時，就帶了這本書，地質時間對達爾文顯然也有十分深刻的啟發。達爾文在《物種源起》中說：「天擇是不斷地準備隨時行動的力量，大自然的作為相比於人為的藝術，是遠遠超乎其上、且更優於人類無謂的努力。」[6]

適應環境，是生態系中最真實殘酷的蠻荒遊戲，地球上曾經有過50億的物種，在35億年的漫長歲月中，超過

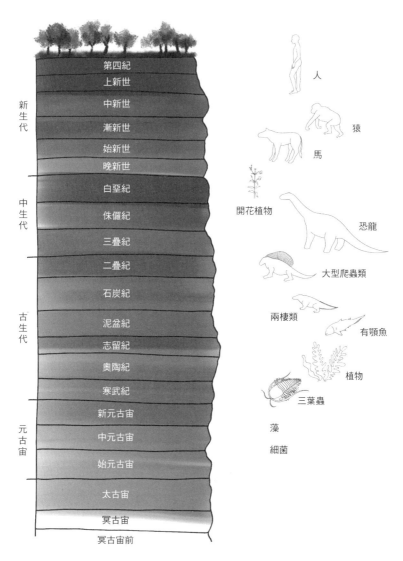

考古學發現從冥古宙、太古宙到元古宙，地球開始有了細菌和藻類。地質世代和生物化石的雙軌尺標共同建構了自然史。

（繪圖：Becky Chen）

99.9%的物種如今都已經滅絕。生命滅絕是自然的常態，自然的永續不是為了某一種或幾種的生命物種而存在，任何面對演化的生命都必須學會謙卑。

演化並不神祕，相反地演化的超然度量完全透明公正。在演化的面前，天擇只問生命是否適應環境，沒有強弱美醜的偏頗喜好。生物鏈頂尖的物種正是最脆弱的一群，21 世紀中期，可能海中不再有大魚可吃；21 世紀末期，地球上除了少數能夠與人類混居的動物，可能不再有野生的大型動物。大貓科、大象、棕熊、北極熊、猩猩……都可能失去適居的棲息地而滅絕。

若有人狂妄地認為：智人有79億人口滿遍天下，想必是上天選擇最適於生存的萬物之靈，這是太不了解演化的智慧正隱藏在其悠長亙久的時間洪流中。恐龍在地球上生活了1億8千萬年，曾經有何止數千個屬，挺過好幾次大滅絕，最後仍在白堊紀「意外的」彗星撞擊下全然消失。智人只存活了30萬年，以1萬年的時間創造了文明，我們何德何能，憑什麼說自己是最適合生存的物種呢？

在演化的舞台上，沒有最適合，只有更適合。今天人類雖然遍布全球，能維持多久的盛景也很難說。外星殖民尚非必然，在演化的面前，生存仍然只是偶然！

注釋

1 Darwin's *Origin of Species* "It is not the most intellectual of the species that survives; it is not the strongest that survives; but the species that survives is the one that is able best to adapt and adjust to the changing environment in which it finds itself."

2 《群》（*Der Schwarm*），法蘭克‧薛慶（Frank Schätzing）著，朱劉華、嚴徵玲譯，野人，2014年。

3 《第六次大滅絕：不自然的歷史》（*The Sixth Extinction, An Unnatural History*）伊麗莎白‧寇伯特（Elizabeth Kolbert）著，黃靜雅譯，天下文化，2014年。

4 Quote George Cuvier "Why has not anyone seen that fossils alone gave birth to a theory about the formation of the Earth, that without them, no one would have everdreamed that there were successive epochs in the formation of the globe."

5 《地球深歷史》（*Earth's Deep History*），馬丁‧魯維克（Martin J. S. Rudwick）著，馮亦達譯，左岸，2021年。

6 Quote Darwin "But Natural Selection, as we shall hereafter see, is a power incessantly ready for action, and is immeasurably superior to man's feeble efforts, as the works of Nature are to those of Art."

第 5 章

人類的興起
人類是如何遍布全球的每一個角落？

　　1998年，我前往東華大學擔任客座教授，期間巧逢世界上最頂尖的黑猩猩專家珍‧古德（Jane Goodal, 1934-）受邀到慈濟大學訪問演講。世界知名的考古人類學家路易士‧李基（Louis Leakey, 1903-1972）曾經親自推薦古德赴坦桑尼亞研究黑猩猩，她後來在非洲專攻黑猩猩的家庭和社會關係。

　　珍‧古德遠赴非洲調查自然環境中的黑猩猩，發現不同族群能學習使用各自的工具、技巧從事覓食。譬如用石頭砸開堅果的殼，取食核仁，或是用清理修整過的樹枝，伸入樹洞取食白蟻。事實上，除了人以外，黑猩猩是能針對最多目的、使用最多工具的物種。有些黑猩猩甚至可以學會超過100-200個以上的英文語彙、文字，或ASL手語訊號（American Sign Language）。

　　古德來台灣訪問的目的之一，是推廣全球國際青少年人道生態環保運動「根與芽」（Roots & Shoots）。當時我正巧讀了彼得生和古德合著的《黑猩猩悲歌——從莎士比亞的暴風雨看人猿關係》[1]，對古德十分仰慕。

　　演講開幕時，珍以嘹亮的黑猩猩打招呼的呼吼聲，嘟著嘴唇走上演講舞台：「嗚喔——喔——喔喔喔喔！」這個入場式十分震懾人心，她說：「也許你們聽不懂，但這就是黑猩猩打招呼時用的語言。」

　　黑猩猩的基因和我們相差不到2%，有家庭、有社會，牠們性情不算暴虐，但也有衝突和戰爭。會學習使用簡單的

工具，有牠們的語言、能溝通、會思考、有一定的心靈意識。雖然人類自命為萬物之靈，以為一切禽獸非我族類，但黑猩猩和我們的確十分相似。

在古德書中的序言有這麼一段話：「直到最近，我們才開始看清『人』在整個生物史上的地位。『人』一向認為自己和其他動物的界線是無法跨越的，但是這種想法已逐步被最近的研究所推翻。我們和黑猩猩擁有98%以上的共同基因，他們是人類最親密的動物兄弟。了解黑猩猩，方能尋得人類在生物世界的真正位置。」

人類的演化

從人猿到猿人

6,600萬年前恐龍的滅絕，開啟了哺乳類的生存契機，靈長目也開始在地球上居有一席之地。大約在2,500萬年前，新生代的漸新世（Oligocene）和中新世（Miocene）之交，類人猿從舊世界猴分出，走上了非洲和亞洲的演化舞台。今天仍然存在的猿類可分小猿和大猿，前者如長臂猿，最早大約是在1,800萬年前分出，如今分布在孟加拉、北印度、中國南方、印尼等地。

和人類比較接近的大猿，則是在1,400萬年前分出，如出現在東南亞，也稱為婆羅洲猩猩的紅毛猩猩（orangutan）。大猩猩（gorilla）則是出現於700萬年前，有四、五個亞種。黑猩猩（chimpanzee）出現於300-500萬年前，棲居在西非的雨林中。侏儒黑猩猩（pan paniscus or bonobo）又稱做巴諾布猿，則可能是出現於150-200萬年剛果河形成之時。

人類傳奇

1,200萬年前，東非北部（位於現今坦尚尼亞），形成了奧杜瓦伊大裂谷（Olduvai Gorge），這個天然屏障是人和猿分道揚鑣的關鍵，被稱為「人類的搖籃」。裂谷的西方依然是茂密濕潤的森林，生物不需作出太大的改變來適應。但裂谷以東的區域，則由於降雨量漸次減少，林地消失，出現了草原。大部分猿類祖先族群因而滅絕，其中一小部分猿類適應了新環境，學習用兩腳在地上活動。

約700-800萬年前，孕育了一類大型的，勉強以雙足著地、雙手作輔助的靈長類動物，這是人科動物一個已滅絕的屬，有猿類和人類的中間體型，被稱為古猿，只分布於非洲大陸的南部，故名為南方古猿（Australopithecus）。

現時所知最早的南方古猿，出現年代少於600萬-300萬年，古猿物種的腦容量很小，雄性的大腦明顯遠比雌性為大。1974年，美國克里夫蘭自然歷史博物館的古人類學家唐納德・約翰生（Donald Carl Johanson, 1943-）在衣索比亞阿

法三角洲（Alfa triangle）的哈達（Hada）挖出一副相當完整的年輕雌性南方古猿骸骨，AL288-1，暱稱為「露西」（Lucy）。

這個標本具有約40%的阿爾發南方古猿（*Australopithecus afarensis*）骨架，由於骨骼較為完整，為古人類學研究提供了大量科學證據。使人能確立南方古猿的行走形式：以足直立，步履蹣跚。科學家從她的肩胛骨及臂骨分析發現，南方古猿仍保持了靈長類遠祖的攀援特徵。之後發現的非洲南方古猿，推測其平均身高為145公分，雄性平均體重為65公斤，雌性有35公斤，腦容量約為現代智人的三分之一。

能人或稱巧人（*Homo hablis*）是在第四紀更新世之初，存在於約250-180萬年前，是人科人屬的一個種，由英國的瑪麗和路易士·李基（Mary Leakey, 1913-1996 Louis Leakey）夫婦在1962-1964期間，於東非的奧杜瓦伊峽谷找到的化石。

能人一般被認為是靈長目第一種被認為屬於人類的生物。從外觀及骨骼特徵來看，他們矮小、有不成比例的長臂、面部比較沒有那麼突出，在人屬中最不像現代人，非常可能是南方古猿的後代，但也可能更早期就從南方古猿屬中分支出來，或者各自由一個未知的更早期共同祖先發展下來。能人的顱骨容量略小於現代人的一半，約有590-650立方公分，但是已經能製造最原始的石器工具，開啟了舊石器

時代,巧人也因而得名。

圖爾卡納男孩（Turkana boy）是化石KNM- WT-15000的暱稱,是最完整的匠人化石,體長1.6公尺。從他的牙齒可以看出他的年齡約為8至11歲,骨盆和其他的骨頭也顯示是年輕的男性。長骨的兩端尚未發育完全,所以還可以長高。如果長到成年,應該可以有1.8公尺,是現代人以外身長最高的人屬。

這一個全新的物種,在1984年於肯亞圖爾卡納湖附近所發現,定年的結果為160萬年,學名稱為匠人（*Homo ergaster*）。它的發現者是肯亞籍的古人類學家理查．李基（Richard Leakey, 1944-）和他的團隊成員卡莫亞．基穆（Kamoya Kimeu）。值得一提的是,理查．李基是瑪麗和前面提到的路易士．李基的兒子。

在外觀上,匠人和南方古猿或能人都明顯不同,除了身高的差異,長腿表示主要靠雙足活動。匠人的下巴小、牙齒小,表示食物必然不同於同時其他的人屬。

他們生活在東非洲的大草原上,氣候十分溫暖,生活習慣可能也有所不同,譬如逆擊、驅趕掠食動物的策略,就發展成獵食採集的行為。雄雌分別覓食的習慣,也可能導致單配偶的關係。

匠人的原意就是「工作的人」,他們製作石器的技術比能人先進許多。有人屬最早的手製手斧,可能已經能夠用

火。匠人也被看作是非洲直立人，咸認為他們可能是尼安德塔人和現代人的祖先。能人可能是比較高、比較複雜之匠人的祖先，或者是和匠人共享祖先。匠人存在的時間約在190-140萬年，也可能延伸到100萬年以內。

再往後接著演化出來的，就是非常接近現代人的直立人了。1891年荷蘭人杜布瓦（Marie Eugène François Thomas Dubois, 1858-1940）在荷屬印尼東爪哇省的梭羅河畔發現了一個頭蓋骨及牙齒。之後的兩三年期間，他還發現了股骨和臼齒，從股骨分析，該類人科動物顯然能直立行走，能製造石器，仍然帶有猿類特徵，如頭蓋骨低平，眉骨粗壯，吻部前伸。也有現代人特徵，如可雙足直立和腦容量比猿類大，屬更新世中期的直立人，遂命名為爪哇直立人（*Homo erectus erectus*）。

直立人出現在更新世（Pleistocene）早期或中期，樣本繁多。喬治亞原人（Dmanisi homnins）2001年在喬治亞德馬尼西發現頭顱骨及顎骨化石，距今180-160萬年；藍田人（Lantian man）距今約約160萬年；爪哇人（Java man）距今160-50萬年。北京中國猿人，或稱北京人（Peiking man）距今70萬年，北京人的發現更進一步印證了爪哇猿人的可靠性，他們皆為直立人的成員。

1990年代南京湯山葫蘆洞出土的南京人（Nanjing man），「南京猿人I號頭骨」為患病的成年女性，距今約

58-62萬年。南京猿人II號頭骨，代表壯年男性個體，距今30萬年。

梭羅人（Solo man）是直立人的亞種（54.6-14.3萬年），1931年至1933年，德國古生物學家馮・孔尼華（Gustav Heinrich Ralph von Koenigswald, 1902-1982）在印尼爪哇島上的梭羅河發現了距今55萬年前至10萬8千年前的化石。梭羅人的生存時代約為12萬年前，與海德堡人相當，和早期智人也有重疊。

托塔韋人（Tautavel man）是約為45萬年前的化石，屬於直立人的亞種，1969年在法國托塔韋的阿拉戈洞穴首次發現。

元謀人（Yuanmou man）是1965年在中國雲南元謀上那蚌村附近發現，共計左右門齒兩顆，屬於直立人化石。後來還發現了石器、炭屑、和有人工痕跡的動物肢骨等。早期認為元謀人距今年代為170萬年，屬於舊石器時代早期。

2008年，國立自然科學博物館副研究員張鈞翔從台灣私人收藏家蔡坤育處，取得一個相當完整的人類下顎骨化石標本，打撈自台灣海峽澎湖水道海底，距離台灣西南約25公里海域，屬於亞洲大陸棚。確認這是澎湖原人（Penghu 1）化石後，澳洲學者作放射性元素測量定年約在45-19萬年。團隊的研究結果首次發表於2015年的《自然通訊》期刊。

直立人的特徵與現代人的相差不遠，腦容積有約800-

1300立方公分，達智人的74%。前額沒有那麼斜，下頜的體積也較小。平均身高約有177.8公分。

直立人承繼了其先驅的技能，並且加以改良，直立人懂得用火，也能像現代人一般奔跑，依照自己的創意製作石器，從腦髓骨的結構可以確定他們有語言的能力。

從最豐富的北京人遺址中，學者發現近10萬件石器製品和用火的痕跡，以及百多種動物化石，從燒骨可得知他們已有熟食的習慣，狩獵的結果使人類有肉食的傾向。直立人演化的開枝散葉，留下不少考古紀錄，但是直立人是否現代人的祖先，目前仍有爭議。

近代人類的演化

1927年，在中國北京周口店發現了幾枚牙齒，1929年在同地點又發現了第一個較完整的頭蓋骨，震撼了整個人類學界。1920至1930年之間，相繼發現了更多的頭蓋骨、肢骨、下顎骨等。1941年中日戰爭爆發後，北京人的化石在秦皇島失落，至今去向仍然成謎。北京人的出現，讓很多人抱持著中國人在亞洲可能是異源獨立演化的人類。這種想望隨著北京人的下落不明，一同墜入五里霧中。

海德堡人（*Homo Heidelbergensis*）的化石於20世紀初在海德堡的茅爾區出土，所以稱為茅爾1號（Mauer I）。它的牙齒十分完整，估計腦容量約為1100-1400 c.c.，身高有1.8

公尺,肌肉發達,與匠人十分類似,超過現代智人。

　　依據考古學,海德堡人距今有64萬年,常常被認為是最接近現代智人的共祖人屬,也有可能是智人的直接祖先。20世紀末有人堅持他們是獨立的一支,但因為只有一副頗為完整的下巴骨出土,所以考古界爭議不斷。

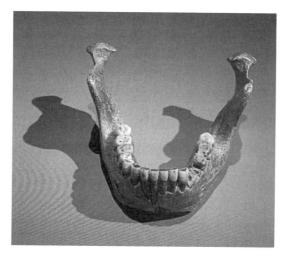

海德堡人的下顎骨

　　大體而言,海德堡人應該是直立人的後代,石器製作技術已經頗為出色。從遺留的動物骸骨分析,他們的食物應該包含許多大型哺乳類,如鹿、象、犀牛以及馬,且已有使用石斧、石箭簇的技術,可以假設他們有相當不錯的狩獵技能。可能有埋葬先人的行為,但是沒有發現壁畫、任何藝術

作品或手工藝品。

最原始的智人為尼安德塔人（*Homo Neanderthalensis*），1856年最早發現於德國尼安德塔河流域的一個山洞，因而得名。尼安德塔人最早可上溯到距今40萬年前，他們是雜食性，吃許多肉類。尼安德塔男人身高約為165-168公分，女性高約152-156公分，有強健的骨骼結構。他們比智人更為強壯，尤其是手臂與手掌的部分，其他骨骼和現代人已十分相似。他們的腦容量有超越1,300立方公分的紀錄，甚至大於現代智人。

尼安德塔人的骨骸多在洞穴中發現，伴以大量的精巧石器製品、薄石片、骨針、動物化石和用火痕跡等。他們可能已經開始了穴居或半穴居生活，以火取暖和以火驅逐野獸，能用獸皮製的衣服蔽體。尼安德塔人還發明了葬儀，年長的成員會將生活經驗傳授給後代，表示他們已有文明遞嬗的傳統。

尼安德塔人是否為智人的亞種，一直有爭議。他們的直接考古紀錄還沒有3萬年以內的資料，但是直布羅陀半島的一些24,500年的遺跡，是早期現代人或克羅馬儂人保有尼安德塔人的性狀，顯示兩個基因庫間因為雜交，而有基因滲入的現象。新的研究還發現在過去的2萬年中，有攜帶尼安德塔人DNA的歐洲人回移非洲。現代智人增強免疫功能和抵禦紫外線輻射的基因，就是從尼安德塔人而來。

2010年，有研究發現非洲以外，包括歐洲、亞洲、美洲及大洋洲的大多數現代智人的基因中，有至少1-4%源自尼安德塔人，而撒哈拉沙漠以南的非洲現代人則沒有這些基因。由於東亞人及東南亞人，包括巴布亞民族、美洲原住民都攜帶此尼安德塔人基因，但除了歐洲及中東以外的地區，都未再發現尼安德塔人的遺跡，因此學者推斷這是因為智人走出非洲時，在中東一帶與尼安德塔人相遇，並發生小規模融合混血，然後才遷移到世界各地。

2003年，在印尼的佛羅勒斯島（Flores）上發現了一些人屬的遺跡，稱為佛羅勒斯人，這批人一直存留到最近的12,000年前。他們個子矮小，只有1.1公尺高，故暱稱為「哈比人」。他們的大腦只有380立方公分，不過小腦子好像並不全然減損他們的認知能力。

另外，2008年在西伯利亞阿爾泰山的丹尼索瓦洞穴，發現一塊指骨和一顆臼齒。DNA分析的結果，是一位5-7歲的女孩兒。丹尼索瓦人（Danisovan）和尼安德塔人有親屬關係，但是和現代智人屬不同支系。

還有研究發現：巴布亞新幾內亞和美拉尼西亞人帶有丹尼索瓦基因，另一項研究則發現藏人和雪巴人都帶有丹尼索瓦的高海拔基因。此外，藏人與漢人所有的特定基因不同片段，也是來自丹尼索瓦人。重點是藏人與漢人在2,750-5,500年前就已分離，但丹尼索瓦人的化石定年分別為3-5萬年，

和11、16萬年，表示他們的確和現代智人在數萬年前就有重疊的時候，也有機會互相交往。

科學家一般相信，現代智人是在約在30萬年前於非洲興起，比較明確的證據有2017年發表關於摩洛哥發現的手工品與遺骸，還有南非的弗洛里斯巴德顱骨確定是屬於智人，定年的結果是25.9萬年。

稍早在1967年和1974年，理查・李基從衣索比亞奧莫國家公園出土的奧莫遺骸，定年結果是19.6萬年。2019年的一份人類學家報告，在希臘南部的阿皮迪瑪洞穴（Apidima Cave）找到的智人遺骸有21萬年。2019年較新的計算結果，估計非洲智人出現的時間約在26-35萬年前。

從直立人到較現代的尼安德塔人、丹尼索瓦人和智人之間，似乎仍有考古學上的「遺失環節」（missing link），這就給了創造論者一些藉口。在演化的過程中的確留下了許多問題，譬如直立人是如何成為現代人類？直立人是否為現代人類的共主？直立人為何會消失？直立人和印尼的佛羅勒斯人究竟有何關係？佛羅勒斯人為什麼能存活那麼長久，甚至超越強壯的尼安德塔人？也超越了耐力超強的丹尼索瓦人？當然最重要的問題還是智人的優勢為何？

「人屬」有什麼特別之處？

當今的人類是人屬（Homo）的一員，一般相信是由能

人經直立人和早期智人演化而來。人屬擁有什麼競爭優勢？為什麼只有早期的人屬成員能夠發展出現代人，而當時也生活在非洲的各種南方古猿卻沒有能夠繼續發展，而走向了滅絕呢？

靈長類的根本差別，決定在大腦。所有的靈長類中，只有人是直立的。用兩腳站立、走路，這和大腦的演化有著密切的聯繫。人類最初開始直立，用兩腳在草原上走路時，大腦比黑猩猩大不了多少。經過幾百萬年的演化，如今智人的大腦已經是黑猩猩的3至4倍大。

把黑猩猩、南方古猿（Lucy）、和現代智人的骨盆和大腦並列，可以清楚地看到解剖學上特徵的差異。

從嬰兒到成年期，黑猩猩的大腦是128到390立方公分；南猿Lucy是162到415立方公分；現代智人是384到1,350立方公分。整體而言，人屬的腦容量開始飛躍增大。

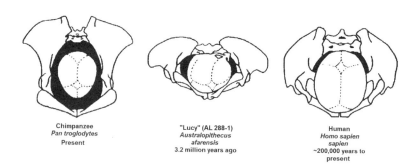

Chimpanzee
Pan troglodytes
Present

"Lucy" (AL 288-1)
Australopithecus afarensis
3.2 million years ago

Human
Homo sapien sapien
~200,000 years to present

黑猩猩（左）、南猿「Lucy」（中）和現代智人（右）
的骨盆和顱骨在解剖學上的特徵比較

　　黑猩猩的骨盆寬廣且呈縱向軸，與大腦相同，自主生產應該十分順暢方便。Lucy因為直立行走，骨盆形狀轉為呈橫向軸發展，所幸嬰兒的頭顱不至太大，自然生產應該也過得去。人屬的嬰兒在自然生產時，必須在母體中轉90度，不僅傾向「早產」，避免胎兒過大，還要避免臍帶繞頸等突發狀況。現代智人中的「接生婆」行業，確實是因應常發生難產的市場需求而生。

　　早產造成軟弱無助的嬰兒期，需要完全依賴外來照顧。早產也使童年時代延長到十歲以上，因而有著獨特的成長曲線。現代智人的大腦起碼可以成長到六歲，長時間的幼兒照顧，讓人屬的社會結構也發生了重要的改變。雙親共同照顧子女、親人協力養育幼兒，都是演化出來的行為。

　　由於長期對營養的需要，肉食性增強。運動方式上有更強的適應能力，僅看現代智人的極限運動趨勢，就可以知道現代智人有著十分奇特的大腦，好刺激、喜冒險、高度協調。

　　人屬天生傾向製造工具，現代智人出類拔萃的工具創新本事，是人類世出現的關鍵原因。此外，使用語言、發明文字，對抽象表徵的訊息理解與傳遞能力，也是現代智人的特徵。

　　現代智人行使集體勞動、集體生活的行為，創造了畜牧及農業的生活。現代智人更是有著強烈的意識、心靈和精神

訴求。文化生活的發展，隱然有足夠潛力超越生物遺傳的影響。這在下一章將有更詳細的介紹。

DNA 與人類大遷徙

自然界中能走遍五湖四海，分布到世界每一個角落的物種，只有人和螞蟻。兩種生物消耗的總能量也差可比擬。但不同的是地球上的螞蟻超過10個物種，而人類只有單一物種，兩者的演化機制截然不同。

科學界一般相信現代智人出現於非洲，並約在5-10萬年前遷移出非洲，現在是唯一遍布全球的人種。大致的遷徙趨勢可參考右頁的圖。

從今天人類的亞種分布看來，人類的遷徙應該不是一次完成的，而是花了很長的時間，在漫長的過程中歷經了演化。以北京人為例，屬直立猿人，距今有七、八十萬年，有沒有後代都不知道。直立人的遷徙和演化時間太過久遠，遷徙和演化極可能是獨立的事件。全新世南島人的遷徙，則是最近幾千年的事。大規模的遷徙是生存適應？是文化行為？這是考古學上的大哉問。

生物的遷徙不是一件日光下經常發生的普通事。除了寵物或寄生生物，生物通常都有特定的棲息地。生命要更換棲息地，到底有什麼動機？靠的是什麼技能和裝備？螞蟻的廣

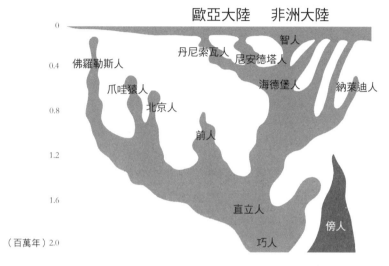

2百萬年以內直立人和現代人的演化和遷徙趨勢
（繪圖：Becky Chen）

　泛分布是異地異種平行演化的結果，而人類以一種一源向各
地遷徙，這可不全是演化安排的戲碼。

　　遷徙的過程的可能性也極多。究竟是同時的一次遷徙？
還是不同時的多次遷徙？是接續性的遷徙？還是獨立的遷徙
事件？更困難的問題是為什麼要遷徙？攜家帶眷地越洲跨海
的遷徙，在徒步交通的時代可是天大地大的事！

　　如何遷徙和為何遷徙是截然不同的問題。要探究這個問
題，考古學是必要的。但是今天科學家還有更好的工具，就
是利用生物科技，從遺傳的角度下手調查。

基因地理分布的歷史

有句話說「凡走過必留下痕跡」，基因遺傳也是如此。

當今世界上最具企圖心的基因大數據收集，是 2005 年由《國家地理雜誌》發起的「基因地理分布」（Genographic Project）公民科學計畫。[2] 這個計畫先是由美國遺傳學暨人類學家史賓賽・威爾斯（Rush Spencer Wells IV）領導，後來由生物暨人類學家米蓋爾・維拉（Miguel Vilar）接任負責。

計畫實施的策略，是和世界各地大學的科學家合作研究，收集全世界志願參加計畫者的DNA，所以算是一種公民科學（citizen science）。研究者將收集到的DNA送到世界各地合作的實驗室分析，然後將所有的樣本做成地圖，追蹤他們數萬年前祖先的遷徙足跡。

基因地理分布計畫最早的目標，是五年募集五千萬美金，從全世界收集10萬份DNA樣本的祖先追蹤套件，再由世界合作大學的生物科技研究單位分析收到的DNA。沒想到計畫獲得熱烈的響應，到了2018年，已經收集到超過100萬件DNA套件。2019年5月31日，「Geno 2.0 Next Generation」的DNA祖先追蹤套件已經在市場上完全售罄，國家地理雜誌宣布2020年1月1日是套件送件處理樣本的最後一天，之後收到的套件就不再處理。

檢驗DNA需要分子生物學的知識與技術。[3] DNA的檢測原理從分子演化學的專業角度來看，具有共同祖先的一群

相似的基因上會共同發生一個核酸的突變。研究人員將獲得的DNA進行基因檢測，從個人的基因突變可以認定祖先的來源。

人類在冒險離開非洲時，就留下了遺傳的腳蹤。到如今仍然清晰可辨。專家把各地古代祖先的宗族遺傳訊息依照特徵基因做成地圖，就可以了解受檢測者的祖先在歷史上的地理分布，並清楚看見參加個體檢測者的祖先們在世界歷史中曾經如何遷徙、落腳。

粒線體夏娃

為什麼科學家能夠知道人類是從非洲起源，後來才分布到世界各地？人類粒線體的DNA差異完全來自母系，可以用來表示粒線體系統發育樹的主要分支點，所以檢測粒線體DNA，就可以了解女性血統遺傳的演化路徑。因此，追蹤到目前存活現代人共同的母系祖先，也能獲得母系遺傳足跡的線索。

檢測的基因照發現突變的次序，以英文字母順序排列，字母沒有遺傳關係的含義。所有粒線體DNA的根源，就是所有活人距現在最近的母系共同祖先（mt-MRCA），暱稱為「粒線體夏娃」（Mitochondrial Eve），其粒線體DNA存在於每一位現存人類體內。

粒線體DNA的每一個突變約需要8,000年，其突變的速

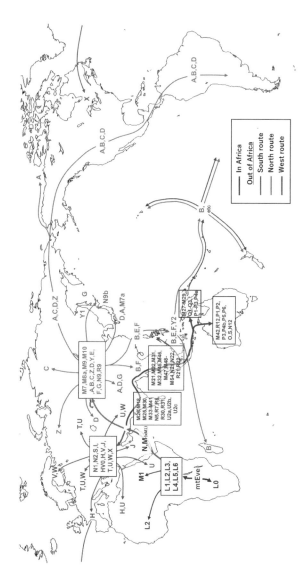

人類基因遷徙年代地理分布圖

率可以當作粒線體的分子時鐘來估算年代。她的粒線體基因出現在巨群L，當特性基因的出現進入L0和L1-L6的分岔位置，就可以估算其發生的時間。

根據2013年的推算，粒線體夏娃的年代是距今約150,000年前。這個數字的確符合現代智人出現的時間，但是比一般認為智人走出非洲的時間卻早了許多。

現代科伊桑人（Khoi-San）是非洲的一族，主要分布於非洲南部。基因研究顯示科伊桑人在10萬年前就已經存在，他們的祖先可能早至150,000年前擴展到南非洲。在130,000年前非洲有兩支祖傳的人口群，在南非洲帶有粒線體DNA編號L0的，是科伊桑人的祖先；另外一支在中非洲和東非洲帶有基因L1-6，是其他人的祖先。據推測，L0的一支在120,000-75,000年間，曾經反向往東非遷移。

遠離非洲

智人早期遷移到地中海的東邊和歐洲的時期，可能約在130,000-115,000年，大約在125,000年也可能有人遷徙到了中國，甚至跨越到北美洲，往南的一支約在100,000年前到了印度次大陸和南亞，但是這些早於80,000年前的活動，都沒有留下什麼殖民或基因的痕跡，只能根據一些相似的石器工具來推斷。

最接近近代智人分散遷移，即是指離開非洲的行為，是

發生在70,000-50,000年以後，分子生物學技術可以從現代人的基因線索中追蹤到這批祖先移動的路線。

現在的基因證據，能夠追溯到距離現在最近的「智人離開非洲」的例子，是75,000年前一群帶有粒線體基因的L3團體，他們不超過1000人，從葉門和吉布地之間的巴布—埃爾—曼德越過紅海的曼德海峽，抵達位於阿拉伯半島現今的葉門地區。

L3帶有粒線體基因M和N的子孫，約在55,000年前沿著海岸線，經過了阿拉伯和波斯，到了印度次大陸。

智人為何離開非洲？原因目前還不確定，有可能是因為重大的氣候變遷，譬如冰期突然出現。美國學者史坦尼·安布魯士（Stanley H. Ambrose）最先假設約在70,000-75,000年，蘇門答臘多峇（Toba）超級火山爆發，大量的火山灰引起一次冰河時期，可能造成了當時大量智人的死亡，只有非洲一地的人類倖存下來。有遺傳的證據顯示，當時的非洲人口可能陡降到10,000以下。若屬實，這可是瀕臨滅絕、不得了的大危機！所以智人可說是奪命而逃。

大約50,000年前，有可能是在氣候回暖之後，中南半島、婆羅洲、蘇門答臘、爪哇、八里及鄰近的小島連接，由於海平面下降而露出水面，形成了巽他大陸棚（Sunda Shelf）。澳洲大陸的延伸，與新幾內亞及其附屬島嶼連接形成了莎湖大陸棚（Sahul Shelf）。由於陸路的出現，在印度或

是南亞的先民，沿著南亞海岸線前進到東南亞、大洋洲，繼而到達澳洲。

這是現代智人首次超越了直立人生存的界線。

現代智人沿海的探險後來還轉向了北方，在轉進內陸之前，到了中國和日本。基因的檢測還顯示：美拉尼西亞和澳洲的原住民，以及一些分布於菲律賓馬來半島、泰國、安達曼群島和尼柯巴群島的尼格利陀人（Negrito，又稱矮黑人）和菲律賓人，都混有少許丹尼索瓦人的DNA，可能是在東亞時發生混種的結果。

克羅馬農人是最早抵達歐洲的現代智人，他們帶著基因R，在約50,000年前越過伊朗和土耳其交界的札格羅斯山（Zagros mountains）進入歐亞大陸後，一支沿著印度洋海岸發展，另一支往北進入了中亞草原。

根據考古定年的結果，在43,000-45,000年間，義大利已經有了現代智人的遺跡。大約在40,000年前，克羅馬農人已經進入了現今北極圈的俄國區域。中東和中亞的現代人到了歐洲就是克羅馬農人，他們和尼安德塔人有重疊的時期，想必也有限度的發生混種的情形，以至於有些尼安德塔人的基因帶入了舊石器時代的晚期，並且分布到歐亞現代人及大洋洲人的身上。

現代人在歐洲殖墾於烏拉山西邊，雖然可以獵食馴鹿，卻必須忍受-20至-30℃的低溫，燃料和庇護也不足。他們徒

步前進，仗著較先進的工技發明捕殺野獸，以動物的毛皮做成衣物避寒，用獸骨製作成庇護所、爐灶，還挖冰窖儲藏肉、骨、食物，用獸骨充當燃料。在義大利帕格里奇洞穴發現的兩具克羅馬農人遺骸，確定帶有粒線體DNA單倍體群N，定年的時間為23,000-24,000年。

咸信現代人在歐洲殖墾大概花了15,000-20,000年的時間，在這段期間，中東及歐洲的尼安德塔人逐漸被現代智人取代。尼安德塔人活躍演化舞台最後數十年的據點，可能是在伊比利（Ibili）半島上一個面對直布羅陀海峽的洞穴，他們沒能再留下比25,000年更近的化石遺跡。

圖中的粒線體DNA編號A、B、G，是源自50,000年前的遷徙人口，他們陸續於35,000年前定居在西伯利亞、韓國或日本，這些人中有一部分在最後的冰盛期跨越白令海峽，遷到了美洲。

當時北半球的一些人口，在約20,000年前被迫遷移到一些新的庇護所，在北緯71度的西伯利亞亞納河（Yana river），居然發現了27,000年前的人口遺跡，顯示現代智人面對極限天氣的超強適應力。

古印地安人也是源自中亞，他們在白令海峽陸橋連接西伯利亞和阿拉斯加的時候，遷到了美洲，在23,000年前到最後冰期的這段期間，他們已經踏遍了美洲的土地。至於他們在美洲的遷移路線究竟是走陸路還是走海路，目前仍然在研

究中。

　　除了檢測粒線體基因外，同種個體間因為生活環境的不同，經歷長時間的演化，天擇和基因突變會展現同種個體間性狀的差異，稱做基因的多樣性（genetic diversity），由此也可以看出人類遷徙的趨勢。

　　根據研究，非洲的基因多樣性最高，顯示了非洲是現代智人的母集合，所以非洲是最早的智人家園，可遠溯至150,000年前。在50,000-70,000年前，少數人從東非走出去，先到了中東，然後聚集在中亞。

　　到了30,000-40,000年前，現代智人已經遍布歐亞大陸和南亞、大洋洲及澳洲。世界其他地方的基因組合顯示是非洲基因的子集合。15,000-30,000年前有一個頗大的冰期，在此期間，走出非洲的現代智人還遭遇了尼安德塔人和丹尼索瓦人，甚至發生了跨種混雜的現象。

　　11,700年前，世界進入了「全新世」。溫暖的氣候促發了現代智人更加頻繁的移動，在中東、東亞、歐亞大陸、北美洲、南亞、非洲都曾發生。而其中規模最大、也是人類第一次大批的海路遷徙，就是南島語系的散布。

全新世南島語族大遷徙

　　有文字歷史之前，南島語系的人口大遷徙，是近幾千年

來世界上最大的民族移動行為。這是重大的人類文明事件，生物學、考古學和語言學都提供了證據，而台灣更在其中扮演了關鍵的角色。

所謂的「南島」（Austronesia），是1899年由奧國語言學者許密特（Wilhelm Schmidt, 1868-1954）提出，組合自拉丁文字的字根「auster」（意指南風），與希臘文「nêsos」（是「島」的意思），日本人將它翻譯為「南島」，而中文則沿用了此譯名。

南島語的分布，東至南美洲之西的復活節島，南到紐西蘭，西到東非的馬達加斯加，北與中國南方接壤，幅員廣闊，以台灣為北界，演化出上千種南島語言。

這個廣大的區域除了越南的一部分曾被中國冊封，大都是受到英國、歐洲、日本殖民的影響。而最新的研究更顯示，台灣是南島語系的母島。

台灣是南島文化的母島

南島語族指的是使用南島語系的民族，南島語系是現今全世界唯一主要廣泛分布在島嶼上的語系，也是世界上分布最廣的語系，東西延伸的距離超過地球圓周的一半。

南島語系分布的總人口數大約有2億5千萬。區域包括台灣、海南、越南、菲律賓、馬來西亞、印尼、新加坡、馬達加斯加、紐西蘭、新幾內亞、夏威夷、密克羅尼西亞、美

拉尼西亞、玻里尼西亞等各地的住人島嶼。南島語系語言的
數目也很多，根據《民族語》世界語言資料庫，[4] 其總數多
達1,262種。台灣是南島語系內部分化的源頭，也是目前南
島語系最北部的地區。

　　南島語系在台灣的時間很長，台灣的原住民就是隸屬於
南島語族。如今我們以漢語為主的文化，是來自17-18世紀
時，來自明、清的移民所帶來的閩南語和閩南客家話。19世
紀末至20世紀中，日治時期又引入了日語。第二次世界大戰
結束之後，中華民國政府接收了台灣，才統一使用現代標準
漢語。

　　由於移民及近代殖民活動，不少南島語系區域內的島上
也有使用南島語系之外的語言。除了台灣，如菲律賓相繼受
到西班牙與美國殖民、夏威夷有美國殖民、紐西蘭受英國殖
民、印尼是荷蘭殖民、馬來西亞也是英國殖民、越南與柬埔
寨為法國殖民等，所有殖民母國的語言，在各島現今的語言
系統內，仍舊有著持續的影響，殖民國家的文字更成為各地
歷史、文化的主流載體。

　　當今華南已經沒有南島語，但是從菲律賓群島到印尼
中、西部群島的語言共有374種，都屬於同語系的西部馬波
亞群（Malayo-Polynesian）。南島語有四種亞群，馬波亞群最
大，使用人口約有3億8550萬。散布於印度洋、南太平洋及
北太平洋南部地區。有945種，佔98.5%，其他三種僅集中

在台灣島上。

台灣有著全世界南島語系最古老的歧異，可見台灣是南島語族的原鄉！

台灣的大坌坑文化，是最早的新石器時代文化的一部分，又稱為繩紋陶文化。最早約在7,000-4,700年前出現於台灣，大坌坑文化與福建、廣東的新石器時代文化，表面看來也有類似之處。最近台南南科出土的大坌坑文化，還有稻米穀粒和家畜犬隻的遺骸，顯然大坌坑文化可能遍及全島。

在考古的遺址中，稻米、小米是生計的項目，除了魚骨、貝殼，深海漁撈工具石網墜、石錛也展現了以海為生的航海技藝文化特色，這些海用漁獵配件都製作得十分精巧。

此外令人印象深刻的文物，又以繩紋陶和樹皮布打棒為最。樹皮布打棒是利用石器打擊樹皮，獲得纖維材料的主要方法，可製成繩索、漁網、衣布，泛見於太平洋島嶼文化中。除了實用，也十分具有觀察力和想像力。而繩紋陶器質的繩紋設計，令人神交祖先的藝術心靈，簡單卻不失風味。

大坌坑文化在各處攜帶的文化包裹內容有石器、素面紅陶、農作、豬骨、家畜等。而南島語族擴張的文化包裹含有磨製石器、豬骨、農作物、素面紅陶等，兩者同質性非常高。根據考古的出土文物定年結果，在西元前3,000年，南島人從台灣進入了菲律賓、印尼的西里伯斯、婆羅洲北岸。西元前2,500年抵達了帝汶，西元前2,000年落腳在爪哇、

蘇門答臘。西元前1,600年，新幾內亞也有了他們的足跡，傳布頗廣。

南島語系的遷徙擴張

　　台灣是南島語族的原鄉，大坌坑文化是十三行考古區的最下層，時間當然是最早的，可能距今7,000-6,000年，本來從華南移出的南島人在台灣建立了一個航海基地，從5,000年前開始，為了某些原因，他們南向菲律賓群島和東南亞沿岸諸島，展開了全新世最浩大的航海殖民樂章。在4,000年中，足跡踏遍了幅員超過半個地球、所有可居住的無人島嶼。

　　南島擴張使用了相當先進的航海技術，譬如雙船體有支架的獨木舟，還有蟹爪帆（crab claw sail），南島語族仗著世界上最早的遠洋船隻，發動了世界首次的海上移民。

　　南島語族擴張的航海利器，靠的是船舷兩側裝了平衡浮木的風帆獨木舟。這種先進技術的舷外浮桿獨木舟是在船舷外側幾英尺處，裝上與船身平行直徑較細的圓木。固定舷外浮木的方法，是利用綁在船身與船身垂直伸出兩側的圓木，將浮木緊綁在上面。船舷兩側的浮木因為本身有浮力，重心更寬廣，可以防止船身因為稍微的傾側而翻覆。這種發明可能是促成南島語族群擴張的突破技術，或許就是南島語族能夠征服大海的關鍵原因之一。

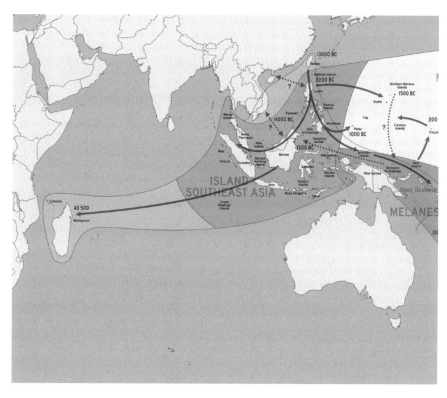

南島民族大遷徙的路徑。東至復活節島,南到紐西蘭,西到東非馬達加斯加島,以台灣為北界。

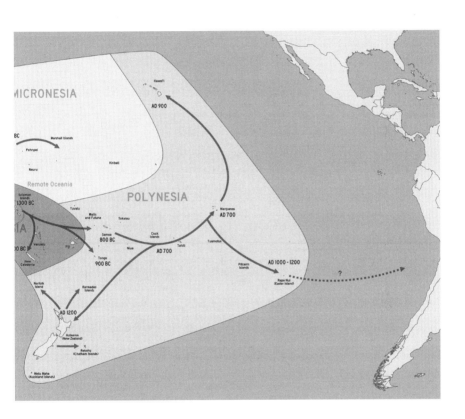

　　大約在西元前3,000-1,500年，南島人已經在東南亞的各島嶼落足，在西元前2,200-1,000年，從菲律賓到東印尼的區域，整個密克羅尼西亞都有了他們的蹤跡。現今菲律賓群島和印尼群島上族群的淺色膚、身高、體型、遺傳特徵都和華南人很相似。

南島拉匹達文化乘風破浪

　　想像南島人航海探險的經驗：他們帶著簡單的糧食、行囊與愛犬，乘著風帆獨木舟，航向不可知的大海，充滿海洋文化的氣魄、航海人的勇氣與決心。從考古的資料發現，大

南島人的海事技術一流，蟹爪帆雙體船的發明也是關鍵技術。

約在西元前1,600-1,000年，有一批南島族人抵達了美拉尼西亞，建立了新喀里多尼亞的拉匹達文化（Lapita Culture）。

考古學家認為拉匹達人是波里尼西亞、密克羅尼西亞、美拉尼西亞一些沿海地區民族的祖先。他們是航海技術專家，除了南島人的典型文化包裹，在該地的考古遺址找到了與早期素面無飾陶器的形制不同，卻極具特色的紅紋陶器，還有黑曜石。拉匹達文化可能由於海島缺少黏土材料，在1,500年後喪失了製陶的技術，起而代之的是木刻和竹製容器。

他們以海產為主食，也養家畜、家禽，這些人仍然可以推論是南島人，但是生活方式是精於陶藝的航海商旅。在西元前1,200年，他們探險了大洋洲，抵達了瓦努阿圖（Vanuatu）、新喀里多尼亞、斐濟，在西元前900-800年，他們抵達了薩摩亞、湯加，這是拉匹達紅陶文化擴展的邊際。

位於澳洲北部的新幾內亞，起碼包括了三波的史前大移民，除了40,000年前遠從非洲出走、移居到東南亞的黑膚鬈髮的祖先移民，4,000年前和3,600年前都曾有過遷徙的事件。4,000年前，南島人從華南沿海地區登陸爪哇，同化了當地原先的族群。

3,600年前，從華南沿海的另一批移民抵達新幾內亞，遺傳學家在新幾內亞高山族的身上並沒有找到南島語族的標

誌基因，而周邊的俾斯麥群島、所羅門群島和新幾內亞北海岸的居民，大概有15%南島語族的成分，表示他們在新幾內亞是沿海低地定居。

新幾內亞的低地語言是巴布亞語和南島語，村落和村落之間並存雜陳，南島人之所以無法征服整個島嶼，是因為新幾內亞已經發展出了自己的農業、商業，而且也能航海。南島人沒討到好處，只能繼續探險之路。

拉匹達文化也曾經在西元前1,500年往回遷徙到東南亞諸島，西元前200年，已到達了密克羅尼西亞的區域。

到了西元700年，他們已經深入太平洋，駐在介於法屬玻里尼西亞與斐濟之間的庫克群島（Cook Islands）、法屬玻里尼西亞的社會群島（Society Islands）和馬克薩斯群島（Marquesas Islands），甚至於在西元900年進入了夏威夷，西元1,000年，他們登上最接近南美洲的復活節島（Easter Island），西元1,200年征服了紐西蘭查山島（Chatham Islands），這是南島語族新的邊際。

另一方面在印度洋的方向，南島語族在西元500年從婆羅洲航行到了馬達加斯加和科莫洛島，留下了印度—太平洋島嶼的優勢民族語言族群，他們是第一批抵達東非和阿拉伯半島，並建立海洋貿易網的族群。早先他們曾經從異他陸棚經過陸路遷徙，同化了早更新世到早全新世的人類，譬如東南亞諸島的巴布亞和尼格利陀人。

南島語族大遷徙，是人類歷史上新石器時代最後一次，也是航行最遠的遷徙事件。

南島文化是台灣主體的一環

2000年，我第一次參觀八里的十三行文化博物館時，並沒有留下特別的印象，但是對台灣主體意識有了明確的認同後，2008年再度參觀十三行文化博物館，對大坌坑文化產生了強烈的心靈共鳴與認同的震撼。

中日甲午戰爭，造成1895年台灣割讓日本，自此受日本殖民長達50年。二戰後的中國國共分裂，國民黨在美國的同意下，於1945年從戰敗的日本接收台灣，政府大力推動華化教育，才有今天台灣的局面。

當今在台灣出生的孩子，約有超過八成攜帶了原住民的基因，作為台灣人不能不知道這些事。雖然不是由文字記載，卻是刻在DNA上的歷史。

台灣原住民的音樂屢次站上國際舞台，1996年亞特蘭大的奧運反覆播放郭英男的〈老人飲酒歌〉[5]，和嘉興國小義興分校台灣原聲童聲合唱團在維也納的演出，都是令人驚嘆的表現。

台灣要走向多元文化的社會，必須先培養在地的主體性。原住民的歷史雖然沒有文字，但新台灣文明如果缺了

「南島」這一章,台灣主體性就不夠完備,主體歷史就不夠完整。

南島文化的基因與世界上大部分主流文化的久遠程度相當,台灣身為南島拉匹達文化的源頭,海洋之心註記在血液的DNA中。南島原住民的歷史,是每一個具備台灣主體意識的公民應有的文化認知。如何能夠在以華文主流文化的脈絡下,讓海島歷史的記憶甦醒,將考驗台灣人的集體智慧與意志。

另一個角度看南島民族遷徙

大陸的南方和北方同是漢人嗎?

要了解南島語系的民族遷徙,也可以從另一個歷史角度,先認識華人在東亞的發展。

在人文方面,語言學家分析、比較語言的複雜程度也可以了解人口遷徙的情形。華人是世界上人口最多,卻是唯一維持了兩千多年的中央集權,而且僅存有一種主要語文的國家。這是歷史上非常少見的情形,難道中國是一個人種單純的國度嗎?

如果觀察中國的環境與生物脈絡,華南和華北有著極不相同的地理與氣候條件。華北人的基因與西藏和尼

泊爾人最為接近，從人口遷徙的情況看來，最早定居華北的現代人可能是從非洲經過中東，然後在中亞停留相當時期之後，再移往華北。

以農業的發展而言，黃河流域的農業中心可能早至距今9,000年就已經有了基礎。與中東兩河流域的肥沃月灣相較，可能沒有晚多少，甚至是同時期啟動。主食是粟米，豬可能是主要的肉食來源。

中國最早的朝代是夏朝，距今有4,000年，但是缺少考古的資料。中國文字的發展可能更早。青銅技術及其他工藝，包括政治、經濟、文教制度在周朝時期，約在西元前1100年-256年，就已經十分完備了。大約在西元前500年的春秋戰國時期，鐵器就已經開始使用。在西元前221年，秦始皇帝統一了中國，嚴厲推行車同軌、書同文、行同輪的統一制度，華北可能是世界上最早奠立可長可久帝國體制的社會。

華南人的基因與華北人相較則有十分明顯的差異。他們有可能是先民沿印度及東南亞海岸線前進，轉入華南的。中國南方屬於副熱帶及熱帶季風氣候，冬季很少下雪，氣候暖和潮濕，或許有獨立的農業中心，主要的生計糧食是水稻。

古時可能以水路為主要的運輸方式，沒有文字，沒有統一的國家。華北漢朝時沿著海岸線往南，曾經在越

南設立交趾郡、九真郡、日南郡。華人在三國時代以蜀為基地，就是今日的四川，自此對華南有了較深入的經營。因為沒有統一的王國政治和社會，華南的人種相對較為複雜，文化多元，與華北有著截然差別的對比。

語言學解密

從語言學的觀點，一般而言，一個地方的語言會自然發生變化分歧的現象。從中國語言分布來看歷史，語言學家可以重建語言地圖。將最近一千年內的語言擴張情形往回反推，當今中國人口接近15億，有逾8億人說北京話，3億人說七種漢語方言。

四大語族中除了漢語，其他三個語族零星散布在很小的地區內。說白了，中國早就有了非常長時期的統一局面，而且華北向華南的擴張，使得華北語言替代了華南語言的情形非常明顯。這就好比美洲原有非常多的印地安語，歐洲人進入美洲之後，侵略的結果就引起語言汰換（language shift）。語言轉移的主要因素，是優勢的文化和社會地位通過建立通用語，而減少了少數民族的語言使用。

傣─卡岱語系（Kra–Dai or Tai–Kadai languages）有70種語言，重要的有壯語、黎語、泰語、寮語等，中國曾稱之為「壯侗語族」、「壯傣語族」、「黔台語族」

等，約有5千萬人使用，主要分布地區為華南、泰國、緬甸。國際學術界視其為一個獨立的語系，和南島語系有密切的關係。

苗傜語族（Austronesian language）是苗、傜、等族群使用有共同來源的語言總稱，只有一千萬餘人零星的分布在華南、泰國，使用者約為3/4。華人語言學家會認為苗傜語和漢藏語系出同源，西方的語言學家不乏視苗傜語為獨立語系者。

同系語言的連續版圖通常是最近擴張的證據；反之，如果是連續土地上的同系語言呈現出高度的歧異分化，表示這個語族落戶很早。像苗傜語如此分散在不同語系中間的，極可能是華北民族的南遷，驅趕同化了華南的民族。華南原有的語族絕不會僅此而已，應該是有語言汰換的情形發生。

一個長久以來的問題，就是歷史上幾乎都是北方侵略南方，華化到底有何文化或社會特徵，數千年來為何較少反向侵略的例子？即使是元清兩朝代，分別由蒙古和女真人統治了中原，為何外來的侵略者仍然沿用了華人的語言、制度來治理國家呢？

南島語族的擴張是近6,000年來，全世界最大規模的人口移動，究竟是什麼原因，使得南島語族的人在不知前途如何的情況下，要攜家帶眷的「往海裡去」？而

且大多是遷家移戶，千里破浪，一去不返？南島語族真的是從華南往南擴張的嗎？是否先從華南被驅離，反而獲得了新的擴張機會呢？

省思：人是萬物之靈嗎？

人類能夠看多遠？人的裸眼明顯不如鷹眼，鷹隼可以在1公里以外的高空清楚地看見地面奔跑的獵物，但是阿波羅17號在太空拍下的一張照片，卻讓人類成為獨一無二、能鳥瞰整個地球的族類。

如果從演化的觀點來看這個問題，關鍵在於大腦。人類自從放棄樹棲、四足行走的生活方式，在草原上以兩隻後肢直立，用雙足行走、奔跑的方式生活，善用自由的雙手和日趨複雜的大腦，手腦密切結合的演化，兩者相得益彰，造就了人類卓越的創造力。

在這個世界上，我們所知道的人類創造了唯一的文明。先不論宇宙中是否有外星生命或其他的智慧生命，畢竟這尚未獲得充分證據，僅和地球上其他的生命相較，不少人以為人類是一枝獨秀的天之驕子，更有人相信上天賦予了人類凌駕眾生的特殊使命，因而驕矜自喜。不過，我們是唯一會使用、發明、創造工具的生命嗎？只有人類有文化嗎？獨有文

化會使我們的生命更神聖嗎？

天擇對於萬物，是毫不偏私的依照適應的程度選擇。最不能適應的先被淘汰。人類不會因為適應而偉大。萬物來來去去，我們能熬過環境的重重險阻，發展出進取的文明，的確是不同於任何自然界曾經存活過的物種，但並不表示我們乃因偉大而存在。

人是否為萬物之靈，沒有簡單的標準答案，而是取決於「抉擇」。

在演化的世界裡，抉擇通常是為了個體或群體的生存，是自私基因的延伸。但是人性一方面以生存和生活為依歸，另一方面卻發展出精神的昇華，對抽象利他的人生意義有所想像和追求。少數與利他或特殊良善信念價值結合的「抉擇」和「堅持」，卻使得人性有了不尋常的、靈性的光輝。

利他行為對社會化生物來說，也許並不完全稀奇，但是利他與自由意志的結合，以至於對人性物慾的節制，甚至為了他人，不惜以生命為奉獻，施勝於受，是人類極致智慧的開端。人之所以偉大，是價值抉擇的果實！

回到人猿與猿人的差別，莎士比亞《暴風雨》中那位卡利班，在人的眼中是人還是獸？我們真的能以大腦功能的差別或是外貌的異同，來區分人或猿、人或獸嗎？適應與演化的過程本身，並不能使我們成為萬物之靈，價值的抉擇才使得人類與其他生命大異其趣。自由意志抉擇的可能，使人類

的生命產生新的高度，當然濫用抉擇也會產生新的困境。所以人類既非萬物之靈，但也不算與禽獸同類。

人的大腦有感覺、思想、知覺、理性，還有感性、精神的力量，問題是每個人發揮了多少崇高的人性？區分人與猿，也許不如相互善待珍惜。在演化的面前，每一種生命都以自身所有的天生分際，學習著自己所能扮演的角色。順應自然的永續、了解我們在自然面前的地位、對自我主體的知覺，就是格外具有意義的一種價值抉擇的學習。

人類應該珍惜自身在宇宙中獲得的存在機會，善加經營地球生態，如此人類文明的意義也將更顯其可貴。如果還有努力的契機，我們就不可妄自菲薄，要嘗試找出方向，為個體甚至族群的生命創造走向新境界的可能。

注釋

1 《黑猩猩悲歌：從莎士比亞的《暴風雨》看人猿關係》（*Visions of Caliban*）戴爾·彼得生（Dale Peterson）、珍·古德（Jane Goodall）著，孫正玫譯，大樹文化，1998年。

2 *National Geographics*, May 2021, pp.22-29

3 單倍群（haplogroup）在分子演化學是一組類似的單倍型（haplotype），它們有一個共同的單核苷酸多態性祖先，單核苷酸多態性試驗可確認單倍型，也就可預測單倍群。單倍群是用字母來標記，並且以數字和一些字母來做補充，可用來標記祖先來源。單倍型是單倍體

基因型的簡稱，遺傳學上是指在同一染色體上進行共同遺傳的多基因座上等位基因的組合，就是若干個決定同一性狀緊密連鎖的基因構成的基因。單一核苷酸多態性（Single-nucleotide polymorphism）等位基因的頻率在不同人群中具有差異性，因此常見於某地區或民族的單核苷酸多態性等位基因，在其他的地區或民族則可能很少。

4　《民族語：世界語言資料庫》（*Ethnologue: Languages of the World*），語言學相關網站，「美國國際語言暑期學院」的旗艦網站。

5　古謠，多以無字的虛詞演唱，一位領唱，眾人合唱。1993年，歐洲的新世紀音樂樂團「謎」將郭英男在法國錄製的《老人飲酒歌》截擷錄部分原音，混合在他們的歌曲《返樸歸真》上出版，該曲的銷售量超過百萬，並成為1996年夏季奧林匹克運動會的宣傳曲。可惜未獲得郭英男的首肯釋權。

第 6 章

人類文明與人類世

科學能開創人類世未來的新契機嗎？

地球出現生命是一個奇蹟，而地球的生命能夠存在35億年，演化出發展高度文明的人類，使宇宙終於有了能讚嘆、欣賞其138億光年之深廣浩瀚的心靈，更是至今依然獨一無二的異數！

人類與其他生物差異最大的文明，究竟是如何影響這個世界？我們自豪能夠發展出文字、文學、藝術、哲學，近代科學和前瞻科技更讓我們以「智慧生命」自居。但當今智人遍布地球上每一個角落。屬於同一個物種的我們，卻有200多個國家共處在一個貧富懸殊、不甚安寧的世界中，破壞環境，不時還興起大型戰爭。文明究竟是如何演變成現今的局勢？

若要客觀審視人類文明進程的根本問題，從歷史的觀點綜觀文明發展，或許不失為一個方法。

24 小時框架下的全新世

如果將「全新世」這11,700年的時間，縮在一天24小時的框架來看，人類文明進程大約會呈現如下的面貌：

早上6點鐘，人類在中東的肥沃月灣和中國的黃河流域，啟動了世界上最早的農業革命和畜牧事業。在此之前，人類大多還是靠狩獵、採集為生，可能有雛型的遊牧生活。但是距今9,000年時，世界上已經有了一些農業中心。譬如

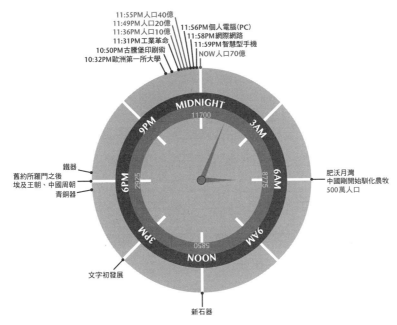

將全新世的11,700年框縮成熟悉的24小時來呈現人類文明進程。

中東的兩河流域馴化了小麥；中國則有黃河流域的粟米和長江流域的稻米等。當時全世界人口可能不到500萬。

　　人類歷經逾百萬年悠長的舊石器時代，終於在全新世跨入了新石器時代。新石器的發生因地而異，沒有明確的時間點，從距今10,000年前到2,000-3,000年前，甚至在今天，世界上還有一些族群仍然生活在石器時代的文明中。

　　新石器時代的人類將新汰舊，學會了把手中敲打的粗糙石塊、石片逐漸做成有形、有特定功能，且相當精緻的石

槌、石器、石鉤、骨針等石器、骨器，甚至出現陶器。能夠做出陶器，表示已經有了使用高溫窯火的鍛造技術。

大約在下午14:00-16:00，就是約距今3,500-5,000年，中東蘇美人的楔形文字和東亞黃河流域的甲骨文都被發明問世。發明文字是一件驚天動地的文明大事，人類從此成為有歷史的族裔。

書寫的歷史使得文明得以傳承、累積，人類遂有了更清晰確實的資訊社會，訊息的傳遞不再只倚賴口傳。社會的專業分化、經濟的分配、制度的建立以及王國的形成、權力的運作，都因此而快速發生。

下午18:00前後，約為距今3,000年左右，那時中東約當埃及王朝和所羅門王朝，中國則是周朝時期，先是有了青銅工具問世，然後人類學會使用鐵器。鐵器最先在中東的波斯發明出來。鐵比銅更加堅利，當然就代表王國有了更強大的武力。其時全世界總人口數大約已達1億。

金屬的使用不同於石器。合金需要高溫鍛燒技術，有了製造磚瓦、陶器的基礎，就有使用高溫的技術。儘管合金鍛燒程序中有古人不懂的化學程序，譬如煉鐵過程中使用的木（焦）炭其實是關鍵的還原劑。但他們雖沒有正確的知識，只能不斷嘗試，從錯誤中學習，沒有科學理論支持的技術，全靠經驗知識，這是技術的本質。

人類文明在18:00-22:00，就是西元的的第一世紀，有一

段頗長的歷史，除了古希臘時期的心智靈光一閃，基本上是由神權專制政治所統御的時代。

相對近代的文明里程碑，譬如世界上最悠久的大學是義大利的波隆納大學，興建於西元1088年，在24小時中已相當於晚上約22:32。

文藝復興運動之後，古騰堡印刷術在西元1450年出現，約相當於22:50。雖然比中國宋朝畢昇發明的印刷術晚了四百多年，大量印製《聖經》和哥白尼的《天體運行論》卻促成了歐洲民智大開。對歐洲在15、16世紀率先開發社會的群體心智，有著決定性的影響。

歐洲科學革命是發生在16-17世紀，大約是23:00-23:20。18世紀時，瓦特發明蒸汽機，開啟了機器取代獸力、人力，掀起第一次工業革命的浪潮，時當中國清朝盛期，時間約在23:31。

24小時的最後幾分鐘內，智慧高科技起飛，個人電腦出現於23:56，就是20世紀80年代；網際網路出現於23:58，就是20世紀90年代；智慧型手機出現於最後1分鐘，已經進入21世紀。

科學促進了科技工業興起後，世界人口更加快速地增加。23:36相當於19世紀初，世界人口約有10億；23:49相當於20世紀上半葉，人口約有20億；23:55是在二戰後，人口加倍到40億；現在已經超過了79億人口。估計到了2050

年，世界人口數可能會增加到90-100億之間，甚或更多。

歷史上文明傾圮的社會

現代智人約在30萬年前出現在非洲，歷經坎坷的環境，約在15萬年前嘗試走出非洲，終於在最近的5萬年逐步散居地球的每一個角落。在距今30,000-12,000年前，智人艱辛地跨過了更新世最後的漫長冰期，幸運地踏入了溫暖的全新世。

智人抓住了這千載難逢的良機，墾植森林成為平地，創造了農牧革命。發明文字、工藝，興建了典章制度、創造了輝煌的帝王國度。更在最近200年創造工業革命，進入了人類世。

但是在光鮮的一面背後，始終存在崩壞的陰影。

賈德‧戴蒙（Jared Diamond）在《大崩壞：人類社會的明天？》[1]中提出了文明崩壞的例子，就是窮墾濫伐、沒有節制，破壞自身資源與社會基礎的文明，註定遲早會是自討滅亡的輸家。

在人類歷史上不乏這樣的社會，他們因為短視，耗盡了生存環境的資源，最後被迫迎向自身文明覆亡的命運，墜落萬劫不復的深淵。譬如復活節島、皮特凱恩島、韓德森島、阿納薩茲印第安遺址、馬雅文明、格陵蘭的維京人等，儘管

他們過去曾有十分輝煌的文明，但是如今都已經消失在歷史的洪流裡。

環境崩壞的復活節島

復活節島最有名的，就是島上數百個背海而立的摩艾（Moai）巨人頭像，怪異神奇的景象引起不少遐思，甚至不乏製作者是外星人的聯想。

復活節島只有170平方公里，東距祕魯西岸3,700公里，西距皮特凱恩島2,000公里。玻里尼西亞的史前擴張在西元前1200年於俾斯麥群島出現了拉匹達文化（參考第5章），他們善於航海、務農、製陶，逐漸往東探索，成為玻里尼西亞人的祖先。到了西元1200年，在夏威夷、紐西蘭和復活節島三角區間每一個能住人的島，都被玻里尼西亞人發現了。

有考古證據的復活節島最早住人年代約為西元 900年。沒有珊瑚礁、潟湖，魚貝稀少，海鳥、禽鳥、海豚應該在殖民之初就快速減少。淡水有限，島民可能依賴甘蔗汁，所以都有蛀牙。初到島上的農民都生活在海邊，建有非常多的石砌雞舍，成為島上摩艾石像和安放石像之阿胡平台（ahu）以外的特色。

以人居房舍估計島上的總人口數，人口鼎盛時可能至少有六千，最多時約有三萬。歐洲人西元1770年來到島上，帶

來了天花，曾引起大流行，導致大批人口死亡。1862-1863年間，祕魯綁走了1,500個島民做奴工。1864年，到島上的傳教士估算人口約有2,000人。

在人類入住復活節島之前，島上本是參天巨木的亞熱帶森林，根據花粉分析及考古資料，有直徑可能大過2公尺、高逾20公尺的棕櫚樹，超過今日世界上最大的智利酒棕櫚。此外，從焚燒的碎片中也找出了數十種大大小小的植物。許多已經絕種，也有些在其他玻里尼西亞的島嶼上還可以找到。樹木的用途很廣，獨木舟、弦外浮木、建築、雕刻、拖拉運送摩艾頭像、樹皮布、甚至當成柴薪（真是暴殄天物）。

森林濫伐始自西元900年。花粉鑑定發現在10-14世紀，大棕櫚樹快速減少。到了西元1400-1500年，摩艾興建得如火如荼，放射線碳元素定年，大棕櫚樹最先絕跡。燒烤煮食、遺體火化、建設園圃，都需要砍伐樹木。1722年，羅格文（Jakob Roggeven）的艦隊發現此島上岸時，所見都是不毛之地，最高的樹不過3公尺。由於當天是復活節，他便將島嶼命名為復活節島，反而成為反諷的標記。

考古分析的動物曾有二十餘種海鳥、秧雞、蒼鷺、鸚鵡、海豚、海豹、海龜、大蜥蜴、老鼠等。魚貝反而相對較少，渦螺本來很大，愈吃愈小。由於過度捕獵，加上跟船上岸的鼠類猖獗，繁殖快速，僅剩的幾種海鳥只在附近的小島產卵了。復活節島如此空空如也的島嶼，在太平洋諸島中簡

直是絕無僅有。

森林砍伐殆盡，災難接踵而至。沒有了樹木，就沒有維生、謀生的工具，生活方式都受到摧殘。十七世紀，土壤侵蝕流失，田地荒蕪，人口少了七成。野生動物逐一絕種，島民開始了人吃人的慘劇。內戰連連，島上的統一社會四分五裂。酋長被推翻，宗教信仰也無法維持。

英國庫克（James Cook）船長在1774年上岸四天，所做的描述是：島上到處是傾倒的雕像，只有少數仍然矗立。

19世紀，歐洲人來得愈加頻繁，帶來的天花使島民大批病死。也有人被抓走作奴隸。1872年，島民只剩111人。1888年，智利佔領了復活節島，交給智利的蘇格蘭牧羊公司管理。1914年，智利派艦隊來敉亂，經過放牧、戰亂的復活節島已無生態可言。1966年島民才入籍成為智利公民。

過度砍伐的阿納薩齊印地安社會

在新墨西哥州西北查柯峽谷（Chaco Canyon）的阿納薩齊（Anasazi）印地安人社會大約始自西元600年，在1150-1200年間消失。

在歐洲人發現美洲之前，阿納薩齊有著北美洲最宏偉的建築。他們在西元700年獨自發明了建造石屋的技術，波尼托村（Pueblo Bonito）最先只蓋了一層房舍，大約在西元920年已有兩層樓房，到了1100年，蓋出了五、六層的高

樓，房間多達600個。天花板都用大木支撐，每根木頭長4.8公尺，重逾300公斤。靠著木頭的年輪鑑定，可以建立十分清楚的年輪譜，準確度達1-2年以內，且能讓我們了解每年的環境和氣候訊息。

在阿納薩齊的全盛期，谷地有豐沛的水流沖積，地下水也十分充裕，谷地幾乎不下雨也能耕作，村落可以養活相當多的人口。當地人的主食是玉米，也吃南瓜、豆類、松果，還可以獵鹿為食。

但是天然的環境優勢未必能夠長長久久。水資源的管理不佳，和過度砍伐森林，終於為阿納薩齊帶來萬劫不復的災難。

提供這些資料的，是小林鼠在村落四周用糞尿保存的垃圾堆，稱作「林鼠貝塚」（Packrat shell mound），它們就像時空膠囊，可以保存數萬年。古生態學家貝唐科特（Julio Betancourt）用放射線定年研究阿納薩齊的貝塚，重建了恰柯峽谷的植物群落變化。他發現西元1000年之後，已找不到核果松和杜松。直到今天，阿納薩齊遺址仍是光禿一片，因為乾燥地區的大樹生長格外緩慢。

以鍶同位素分析木梁，得知西元974-1104年間，阿納薩齊的樹木是取自附近高山的松、杉木。此期間的總人口數或許有數千人，人口過於稠密，就需要靠衛星聚落的支援。晚期的阿納薩齊社會有如一個帝國，波尼托村大屋中心有如統

治階級，養尊處優，不斷吸取資源，奢華生活靠周圍群眾的供養。資源一旦不足，一元階級社會就不再平靜。

阿納薩齊遺址最後留下的動亂證據包括了戰爭、人吃人、未埋葬的屍體。木材的年輪譜顯示西元 1130 年之後連年大旱，阿納薩齊終於面臨了文明覆亡的厄運。最後的數百年，只有一些餘民在人去樓空的廢墟中苟延殘喘。600 年後才由納瓦荷人（Navajo）入住。我在 1979 年開車經過納瓦荷族保留區，綿延數百里裊無人煙，徒留唏噓慨嘆。

內外交迫的馬雅古文明

馬雅（Maya）古文明是另一個被繪影繪聲為「外星人」文明的題材。好幾個世紀以來，所有的馬雅城市、神廟、祭壇，都沈睡在墨西哥、瓜地馬拉、貝里斯的叢林中，還有宏都拉斯和厄瓜多爾的西部，不為世人所知。

1839 年，美國律師探險家史蒂芬斯（John Stephens）和英國精於素描繪圖的嘉瑟伍德（Frederick Catherwood）聯手考古探險了 44 個馬雅古城，1841 年回到紐約後寫成了兩本遊記，暢銷一時。

馬雅人留下了宏偉的建築，包括宮殿、祭祀的金字塔神廟、紀念碑、蹴球場、天文觀測台等。許多複雜瑰麗的藝術鐫刻在粉飾的混凝灰泥石材上。他們還留下了複雜的象形文字書寫系統，大多刻在石碑的牆垣上，可惜日常書寫手抄本

凱舍伍德在馬雅的素描

大多在16世紀毀於西班牙狂熱暴虐的蘭達主教（Diego de Landa Calderón）之手。雖然馬雅文字解讀不易，仍提供了珍貴的史料，顯示他們的天文、曆法、數學都非常發達。今天的6百萬馬雅後人仍然住在祖先的土地上，他們口說28種馬雅語，雖然不識馬雅古文，其語言還是了解馬雅文明的重要線索。

歐洲人最早接觸馬雅社會，是1502年哥倫布（Chritoforo Columbo）第四次訪視中美洲時遇見一位划獨木舟的馬雅商

人。1697年，西班牙降服了馬雅最後一個君主。此期間約有兩個世紀，歐洲人有了許多認識和了解馬雅文化的機會。

馬雅文化發跡於中美洲西部或西南河谷和海岸低地，西元前3,000年，他們馴化了玉米、豆類和南瓜為主食，但缺少役用動物，家畜的種類也少。西元前2,500年，馬雅人開始有了陶器，西元前1,500年已有村落出現，西元前1,200年，墨西哥的奧爾梅克（Olmec）就有了城市。在西元前600年或更晚，瓦哈卡的薩巴特克（Zapotecs）文明開始有文字。

馬雅地區則是約在西元前1000年開始有了陶器和村落。馬雅的房舍和文字書寫系統則始於約西元前400年，雕刻在石頭或陶器上作為對國王貴族歌功頌德的銘文。西元前三世紀，興起了最早的城邦，太陽曆法和神曆也從外地傳入馬雅。馬雅文明兼容並蓄，愈發精益求精。馬雅人不使用輪子，運輸方式皆倚賴步行或水路。

馬雅人著名的長曆（long count calendar）是在西元前3114年8月11日開始作為元年元月元日。其時該地仍是有語無文，最早的可考年代是西元197年，才推算出長曆的內容：分為日、週、月、年、十年、百年和千年。360日為1年稱為敦（tun）；20年（7,200日）為卡敦（katunn）；以400年（14萬4千日）計，稱作巴克敦（baktun）。馬雅的重要歷史都發生在8-10巴克敦期間，約為西元250年，出現了第一個王朝，人口快速成長，西元八世紀達到頂峰。全盛時

期的佩騰（Petén）中部人口有 300 萬 -1,400 萬。

馬雅君王稱作聖主（K'uhul ajaw），就是最高的祭司。世界被分為天國、大地和地底世界，聖主可穿越三界，負責觀測天象，祭祀天神，祝歲豐年，又驍勇善戰，故受到百姓的敬服和奉養。

馬雅王朝終結於 10 巴克敦，時為西元 909 年。當地人不再樹立紀念石碑，荒廢的王宮被平民占據。中部美洲的貿易網絡也就此改道，繞過荒蕪的佩騰盆地（Petén Basin）。

馬雅古典時期的衰頹可能是大旱連年，聖主失信於民，貴族橫徵暴斂，民生凋敝，王國遂趨於沒落。西元 800 年後，馬雅人口 90-99% 消失，沒有了聖主，長曆廢止，馬雅的崩壞除了人口消逝，文化也跟著失落！

一個歷史上的輝煌文明臨到存亡邊際，絕非復活節島或阿納薩齊社會的興衰所能比擬。當然，馬雅古典王國的衰亡與長曆的停止，並非馬雅文明的終結。後古典期是從西元 950 年到西元 1539 年西班牙人入侵。人口的增減、權力的興替、城市的起落、地區興亡的轉移、戰亂和氣候的發生等，在古典王國凋零後仍然是與時更迭。

馬雅文明的崩壞原因十分複雜，一個進步王國的社會崩壞框架可以包括下列諸項：（1）人口過多，資源短缺，生存環境凋敝；（2）森林濫伐和土壤侵蝕，導致氣候變遷。特別是長年乾旱，農作難繼；（3）城邦衝突和內戰，爭鬥愈演愈

烈，資源卻更少；（4）國王、貴族權力和利益互相較量，尤其是農地的競爭，引起的政治與文化因素；（5）與外部友邦的貿易、外交關係。

從馬雅人常用黑曜石、黃金、玉石的交易輸入情況分析，貿易可能影響不大。馬雅城邦蒂卡爾（Tikal）和卡米納胡尤（Kaminaljuyu）是當時中美洲各帝國龐大貿易體系的一部分，深入今天墨西哥中部高地，將眾多中部美洲文化聯繫起來。但除了第（5）項以外，其他四項都不能排除。

考古學家認為古馬雅人個性溫和、愛好和平，但是當糧食短缺，物資分配傳輸困難，戰禍即起。假如彼此仇恨，唇亡齒寒，帝國、城邦都會瓦解。近年考古發現的博南帕克（Bonampak）壁畫，描述西元738年科潘王十八兔被基里瓜國王俘虜受刑的慘狀歷歷如繪、不忍卒睹。

碑文壁畫記載了王族的事蹟，平民的境遇卻付之闕如。根據馬雅湖底沈積物的分析研究，包括石膏沈澱、$^{18}O/^{16}O$ 同位素分析、^{14}C 定年的數據，還有花粉分析，可以了解乾旱的時間、森林的砍伐情形，土壤的侵蝕。結果顯示西元前5500-500年，馬雅地區十分潮濕，西元前475-250年是乾旱期。西元前250年再轉潮濕，因而有助馬雅古王朝興起。西元125-250；西元600年又遇大旱，導致著名城市如米拉多爾（Mirador）、蒂卡爾（Tikal）的衰亡。

西元760-800年前後，發生了七千年一次的超級旱災，

可能就是古馬雅傾覆的主因之一。估算乾旱週期,平均208年一次,似乎是全球性氣候變遷,影響的不只是馬雅文明而已。

有人進一步分析河流沖積到附近海洋盆地的沈積層,得到的結果是:大旱的高峰期是西元760年、西元810-820年、西元860年、西元910年,和前述估得的時期十分吻合。

西元1511年,一艘西班牙船在加勒比海遇難,十餘名倖存者在尤加坦半島的海岸登陸,一位馬雅領主抓獲了船員,將他們充當人頭祭牲,結果只有兩個船員逃脫。這一事件促成了西班牙人和馬雅人的接觸。旱災使多數的馬雅城邦敗亡,1524-1525年,西班牙的柯提茲(Cortes)將軍經過佩騰中部時,當地不到3萬人,西軍經過蒂卡爾和帕倫克附近時差一點餓死,遂錯過了世界上最偉大的文明遺跡。

那些旱災的餘民如何起起落落已經不可考。西班牙人於1697年攻克瓜地馬拉佩騰伊查湖中島上的伊查馬雅(Itza Maya)首都諾赫佩騰(Nojpetén),他們帶來的疾病對馬雅人更是雪上加霜,1714年,佩騰中部只剩3,000人。二十世紀,移民人口進入馬雅區,80年代後佩騰區又是森林濫伐,生態惡化。二戰後的宏都拉斯在1964-1989年間,森林消失了四分之一。

馬雅文明傾圮的原因,尚未蓋棺論定。畢竟一個規模如

馬雅的文明起落，決不是簡單的因素可以闡明。科學研究也需要時間方能獲得較多的共識。但是濫墾濫伐；人口、資源失調；勇於內鬥爭利；貴族專政、社會缺乏公義；窮兵黷武的戰爭不斷，一旦環境毀壞，生態潰決，即使輝煌如馬雅文明，也難逃脫徹底壞空的結局。

「人類世」的起點

回頭看這約 1 萬年來的「全新世」（Holocene），自從文明進入了大自然，很明顯地是以加速度往前奔行。尤其最近兩百年，工業革命促成了科技文明極速狂飆。民生條件的改善使得人口快速增加；在另一方面，能、資源就加速耗費，甚至虛擲浪費。

其他生命在演化的舞台上，多在順命地學習適應自然的環境變化，人類的意志則是企圖掌握自己的命運，創造人可勝天的機會。不僅適應環境，還要改變環境。即使文明似乎並非有意的反對自然，但是與其他生命和自然的關係相比，人類卻猶如自然 35 億年生命歷程中的一股逆流。

在 2000 年的一場國際環境會議中，會議主席反覆提到全新世，但與會學者的荷蘭諾貝爾獎得主保羅・克魯琛（Paul Crutzen）卻深深認為全新世已經不適合再繼續代表這個文明世代，他禁不住脫口而出：「我們不再是處於全新世了，我

們是處於『人類世』。」[2]

　　會議室內突然而來的靜默，凝結了熱烈討論的空氣。接下來的中場休息時間，「人類世」變成了焦點話題。

　　克魯琛引用的是史多麥爾（Eugene F. Stoermer, 1934-2012）在20世紀80年代初首創的「Anthropocene」。地質學上的「世」（epoch）源於「紀」（period）；「紀」則是源於「代」（era）。譬如全新世屬於第四紀；第四紀屬於新生代（Cenozoic）。

　　克魯琛在會後撰寫了一篇論文：〈人類地質學〉，2002年發表在《自然》期刊。文中指出：人類活動已經改變了地球1/3-1/2的地表；世界上的主要河流大多已經築壩或改道；肥料栽植植物產生的氮素超過所有陸地生態系的自然量值；漁業較沿海水域原始產量減少了約1/3；人類還使用了世界上可用淡水流量的一半以上。更重要的是人類大量燃燒化石燃料，加上森林濫伐，在過去兩個世紀以來已經改變了大氣的組成。空氣中的二氧化碳濃度已經升高40%，而另一種更有效的溫室氣體甲烷，濃度更不只是倍增。這些人為排放，將使得全球氣候可能在未來幾千年明顯背離自然行為。

　　克魯琛認為過度產生的溫室氣體，尤其是二氧化碳及甲烷促成全球暖化，正是始自18世紀瓦特發明蒸氣引擎。工業革命遂領導地球的地質紀元進入了新的人類世，從此人類文明成為決定大自然地質及生態的關鍵角色。所以，他建議訂

定瓦特發明蒸汽機為「人類世」的地質年代。

克魯琛的文章發表後,「人類世」一詞很快就廣泛出現在其他科學期刊上,或被用做文章的標題,熱度暴增。

薩拉希維茲(Jan Zalasiwicz)是英國萊斯特大學研究海洋中筆石(graptolite)的地層專家,當時也正是倫敦地質學會地層委員會的主席,他讀到「人類世」一詞覺得很有意思,因為使用這個詞的人大都沒有地層學專業,而國際地層學委員會(International Commission on Stratigraphy)才是決定地質年代的法定機構。這真是大水沖到了龍王廟,他想知道同事們如何看待此事。

薩拉希維茲在一次餐會上調查同仁對「人類世」的看法,22人中竟然有21人認為此觀點大有可取之處。地層委員會於是打算進一步檢驗「人類世」是否在地質專業上具備命名新地質世代的條件?

經過一年的研究,結論是YES!

委員們都同意,克魯琛論文列舉的種種變化,將會留下全球性的地層標識,即使在數百萬年後仍將清晰可辨。這同理於奧陶紀(Ordovician)冰期留下的地層標識,至今還是清晰可辨。

委員們在總結的論文中,也特別提到人類世將由「生物地層訊號」(biostradigraphic signal)標註而成。這個地層記號一則來自於可能正在發生的「第六次生物大滅絕」,再則

也是由於人類重新分布生物的習慣留下的地層紀錄。演化的戲碼將會重新來過，薩拉希維茲還預言：未來的演化將由倖存的鼠類展開。

2009年，國際地層學委員會把180萬年前開始的更新世前推至260萬年，他們負責決定地球史的正式時間表。換句話說，國際地層學委員會要使「人類世」成為正式的地質紀元，必須決定人類世開始的時間。然而這個議題卻引起了激烈的爭論。

到了2020年春天，國際地層學委員會和國際地質科學聯盟（International Union of Geological Science）都尚未通過「人類世」的案件。2019年，人類世工作小組（Anthropocene Working Group）宣佈並不同意克魯琛把瓦特發明蒸汽機開啟了化石能源的使用作為人類世的起點，他們建議在2021年正式向國際地層學委員會提案，以20世紀中期二戰後作為地層標誌。將1945年7月16日人類首次原子彈測試——即三位一體（Trinity）核子試爆的時間，定為人類世的開始，其時正是原子時代（Atomic Age）的更迭之期。

還有許多其他意見，有人認為二戰後地球系統的社經環境（socioeconomic environment）急遽加速變化，也有人認為全新世的農業革命，早就已經註記了人類世的發生。

無論如何，人類的存在和生活方式，已經實實在在地改變了地表環境。人類進入人類世究竟是一種榮耀？還是一種

悲哀？

　　光是79億人口開墾了大片的原始林地，掠奪了其他物種的棲息地，加上大啖飛禽走獸，無論是路上跑的、海裡游的、天上飛的、各種植物，都毫無節制地享用。文明產生的氣候變遷及生態系破壞的情形，都是無以復加。

　　藉由燒煤炭與石油礦藏，人類正將蘊積了千萬年甚至上億年的碳素放回大氣中。我們不僅反轉了地質的歷史，而且是以異常的速率反轉。正是二氧化碳的排放速率，使目前的重大實驗在地質上看來如此不尋常，而且可能在地球史上前所未有。

　　如果沿著這個變化趨勢往下走，就算不是發生地球史上最慘重的災情，也會是最嚴重的事件之一。

　　無論國際地層學委員會的裁決結果如何。人類究竟應如何面對人類世的未來，才是新紀元最重要的訊息與思考問題。

工業革命與人類世

　　如果深入瞭解一下工業革命的進程，機械科技最初一鳴驚人的異軍突起，就是始於第一次工業革命。

　　歷史學家們普遍認為蘇格蘭的機械工程師瓦特（James Watt, 1736-1819）在1769年改良了1712年發明的紐科門蒸

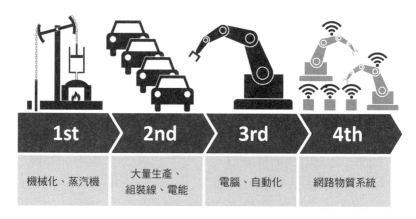

1st	2nd	3rd	4th
機械化、蒸汽機	大量生產、組裝線、電能	電腦、自動化	網路物質系統

四次工業革命的發展進程

汽機,這是第一個利用蒸汽產生機械功的實用設備,促使了人為的機械力取代了畜力、人力和水力、風力等自然力,因而啟動了文明史上第一次的工業革命。

就機器時代(Machine Age)來臨的觀點而言,也有人以為工業革命早在1759年就從英格蘭的中部地區發跡。除了蒸汽機,連煤、鐵、鋼也都加速了工業技術的革命性角色。英國作為領頭羊開始的一系列技術革命,引起了將自然力的勞動大幅轉向機器生產的方式。這種變化也影響了產業製造模式,譬如紡織業的女工、童工的家庭手工都換成了機器操作。大工廠取代了小作坊,勞資關係因而與革命前也截然有別。

接踵而來的是發明家的崛起成為新行業。從18世紀中葉

到 19 世紀初期，有英國織工哈格里夫斯（James Hargreaves）發明了珍妮紡紗機；英格蘭詩人哈林頓（John Harington）發明了抽水馬桶；英國的史蒂芬生（George Stephenson）發明蒸汽火車，兒子也克紹箕裘，父子一起造出了世界上首輛在公共鐵路上載客的蒸汽機車；英國化學教授戴維（Humphry Davy）發明了安全礦工燈；布拉格的德國劇作家賽尼飛爾德（Alois Senefelder）發明了平版印刷；蒸汽機帶動了美國的富爾頓（Robert Fulton）發明蒸汽輪船，成為美國哈德遜河、密西西比河的特殊景觀交通工具……工業革命的燎原之火終於從英國燒向了歐洲和美洲大陸。

工業的普及化也跨越了社會階層，愈來愈多平民出身的工程師、發明家。工業革命不僅是技術革新而已，也伴隨政經社會的重大變革。18 世紀中葉，休姆（David Hume, 1711-1776）和史密斯（Adam Smith, 1723-1790）提出了資本主義的主張，而反對機械化的反動派也產生了共產思維。德國猶太裔的馬克思（Carl Heinrich Marx）在 1848 年發表了《共產黨宣言》。西方的政治、經濟、社會、教育、文化思想都發生了人類出現以來從未有過的莫大變動。

第一次工業革命持續到了大約 1830-1840 年，電器產業的發展接著催動了第二次的工業革命。

1854 年，德國的戈培爾（Heinrich Göbel）以一根碳化的竹絲在真空下點亮了電燈，就是所謂的白熾燈。愛迪生

（Tomas Edison）在美國也立刻加入了燈絲研究的戰事。經過半世紀的專利、法律纏戰，1906年，愛迪生終於從兩位東歐化學家手上獲得了鎢絲的製作技術，並且獲得了專利，鎢絲的白熾燈自此一直沿用至今。

電是二級能源，特點是效率高，易於轉換和輸送。電力的使用，讓科技更是一飛沖天，完全進入另一個格局，人類的生活邁入了全新維度的能源世界。

從1860年至1890年，出現了500,000件新發明，是過去70年的10倍。比較有名的譬如美國的摩斯（Samuel Morse）發明了電報機，他也創造了摩斯密碼；加拿大的貝爾（Alexander Bell）拿到了第一台實用電話的專利權；德國的賓士（Karl Benz）製造了第一輛使用內燃機的汽車；自從法拉第（Michael Faraday）開創了電磁感應的發電機，北愛爾蘭的凱爾文勳爵（Lord Kelvin, William Thomson）開發了早期的交流發電機，美國的特斯拉（Nikola Tesla）取得了高頻交流發電機的專利，此後交流發電機的電流頻率就歷史性的設在16-100赫茲（Herz）。

蒸汽機引擎是外燃機，效率不夠高，而內燃機的發明過程在19世紀有重要的科技地位。法國的勒本（Philippe le Bon）發明了煤氣／氫氣內燃機；接著法國勒努瓦（Etienne Lenoir）發明以天然氣為燃料的二衝程內燃機；雖然效率只有2-3%，但是這是第一台實用的內燃機，指明了引擎的方

向。德國的奧托（Nicolaus Otto）把內燃機效率提升到10%，四衝程新奧托發動機使用了壓縮行程，燃料使用煤氣，效率是12%。隨後德國的戴姆勒（Gottlieb Daimler）製成第一台汽油引擎，接著又製造了第一台燒汽油的汽車。

19世紀末慕尼黑的狄賽爾（Rudolf Diesel）製成了世界第一台四衝程柴油機，利用高壓縮比獲得了史無前例的27%高效能；20世紀初挪威的艾林（Jens Elling）製成了第一台燃氣渦輪發動機；德國的汪克爾（Felix Wankel）製造了轉子發動機的雛形，到1950年才完成了成品，隨後成了日本馬自達（Mazda）汽車的招牌；英國的惠特爾（Frank Whittle）和德國的奧海恩（Hans von Ohain）終於在1936年使噴氣引擎問世。

有了汽車，又有了內燃機，還有交流電、噴氣引擎，新科技世代已經完全宣告了智慧文明的摩登時代的來臨。

1870年在美國，卡內基（Andrew Caenegie）從貧窮的家庭發跡，建造了他的第一個煉鋼的高爐，開始宣傳「財富的福音」。洛克菲勒（John D. Rockefeller）創辦了標準石油公司來合併石油工廠，生產線的製造概念也終於出現。全世界對燃燒石油、消耗鋼鐵的汽車工業趨之若鶩。焉知代表進步時髦的時尚汽車產業，只走了不到100年，就遭逢了世界石油危機。

第二次工業革命從1870到1914年，還有一項重要的影

響，就是把美國從一個立國不滿百年，剛從內戰中站立起來的新興國家，在國際上從後台推到了台前，成為世界上一顆後來居上的強國。

就新興工業而言，20世紀的美國已非泛泛之輩，自然資源豐富，新人輩出，經濟力旺盛。1869年開通了第一條穿越北美洲大陸的橫貫鐵路，開啟了他們的鍍金時代。1880年鐵路增加了三倍，到了1920年又增加了三倍。

美國以資本主義立國的經濟野心姿態十分強悍，20世紀初托拉斯盛行，壟斷資本，眼中只有自由市場。自由經濟主義猶如脫韁野馬，注定了在20世紀美國要成為世界霸權，但也種下了21世紀國家債權高築、經濟逐漸衰弱的潛在危機。

資訊革命

第三次工業革命是數位化革命，就是最早的資訊革命。影響最大的就是電腦工業，觀諸20世紀末的網際網路和21世紀的大數據，可以說二戰後開始的資訊革命至今仍然方興未艾。

除了電腦科技，第三次工業革命代表性的技術創新還有電晶體科技、原子能科技、太空科技、人造材料、再生能源、分子生物、遺傳工程等，幾乎是科技的全面升級。尤其是生命科學引生的生物科技與資訊科技的結合，人工智慧AI已然埋下了下一波工業革命的種子。

　　1945年，美國費城賓州大學的約翰‧毛西里（John Mauchly）提出了「毛西里方案」，稱為電子積體和電腦的ENIAC計畫，其實就是第一台普通用途的數位電腦製造方案。由於二戰後，科學界對於快速、精準的計算訴求大大提高，這個裝置必須能夠處理解決大量數值問題。ENIAC最早的用途設定在軍事上。1946年轉手贈與賓州大學（University of Pennsilvania），媒體將之形容為「超級大腦」，因為人需要20小時以上做成的計算，它在30秒以內就能完成。

　　《紐約時報》1962年引述了毛西里在工業工程師學院的先知型演講，其中有如是的預言：「沒有理由假設一般的小男孩、小女孩不能精通一台『個人電腦』。」[3] 這是第一次有人使用「個人電腦」（personal computer）這個名稱。

　　在此之前，迷你電腦、微電腦、微處理機等產品五花八門，花樣繁多。1968年，惠普公司的第一台HP9100A以「強力計算精靈」的名稱出現在大眾市場，只可惜反應遠不如預期。直到位元雜誌（BITS）推介的所謂1977三一組合「蘋果II」、「PET2001」、「TRS-80」，它們以「個人電腦」的名稱登上市場後不到兩年，個人電腦就席捲了國際市場。我當時正在美國唸博士學位，實驗室當時主機只有8 bit-微處理機，一台Apple II就是我們搶著處理數據的好幫手。

　　今天，一台智慧手機就相當於一台個人電腦，一台iPhone內的元件，就用了七十多種化學元素，幾乎是自然界

元素的九成。而且速度更快、功能更多、更多元互動、更人性化，相機、音響、網路無所不包，還有各種應用軟體可供下載，蘋果公司只花了三十年就做到了！

20世紀在生命科學、醫學和生物科技方面的成就也是一飛沖天。法國亞歷克西斯・卡黑爾（Alexis Carrel）領導成功地移植了動脈和靜脈，是人類第一次的器官移植，高超的接合手法和嶄新的縫合技術，奠立了往後移植手術的房角石，更獲得1912諾貝爾生理及醫學獎殊榮。

第一個成功的人類同種異體心臟移植，是由南非開普敦大學的巴納德醫師（Chritiaan Barnard）於1967年為53歲的瓦許康斯基執行手術。瓦許康斯基有糖尿病、嚴重心臟病史，心臟病發作過三次，導致鬱血性心臟衰竭。新的心臟使他多活了18天，他曾經恢復知覺，與家人說話，最後死於肺炎。

移植程序的關鍵，在於使用抑制免疫系統排斥外來器官的藥物。1983年環孢素（cyclosporine）的問世，可以藉由抑制T細胞活性和生長，提供良好的免疫系統排斥抑制效應，而且廣泛涉及生理系統作用的皮質類固醇的用量也大幅下降。1984年羅斯醫生（Dr. Eric Rose）成功為四歲的洛維特完成了換心手術。現在全世界每年有3,500個換心手術，超過一半的手術是在美國進行。

自從華生和克里克在1953年發現了DNA的雙螺旋3D結

構，生物資訊科學就揭開了生命遺傳的密碼。遺傳學掌握著演化理論的微觀奧祕，所有與遺傳有關的基因生物科技或工程，舉凡基因工程、基因體（genomics）技術、生醫工程、基因編輯（CRISPR）等領域，隨後都發展得枝廣葉茂。

進入 21 世紀後的工業 4.0 最新版本，應該要算是接著 3.0 版的路線，由網路實體系統（Cyber Physical System）領軍，新興的科技工業包括：人工智慧（AI、工業或民生機器人、量子電腦、5G 網路、虛擬實境、物聯網、無人機、全自動電動車、奈米材料科技、奈米生醫科技、可重複／循環使用的材料、核融合、太空殖民、3D 列印製造等跨領域的尖端產業。但是生物資訊最大的挑戰，還是在於人類大腦意識與心靈層次的開發。

啟蒙運動

談到工業革命，就不能不提到開啟現代化思維的「啟蒙運動」。17-18 世紀，歐洲同時掀起了一股崇尚智慧與哲學的思想革命。以德國康德為中心的理性革命，在 1781-1787 年撰寫出版了《純粹理性批判》，認為人類具有超越經驗的先天理性可以產出知識的能力。

繼之而起的一群啟蒙思想家，他們雖然有歧異之處，卻不約而同的將生命投入創新思想的洪流，謀求群體的快樂、幸福。

> 這種科文共裕的態度與行動形成了一種文化氣候，推動政、法、經、教、科、文、藝、哲、史……全面性的跨國際社會現代化運動，企圖把這種以獨立、自由為基礎的利他（altruism）、共好（commongood）及聯邦（commonwealth）思維推廣到世界的各個角落。

精神文明是人類世的希望？

人類發展至今興盛蓬勃的文明與科技，當然有權利拒絕毀滅、挑戰永恆。但毀滅是否依然會成為人類文明的終極宿命？如果要尋求希望，又該從何著手？

許多專家相信科技進步、人定勝天。歷史上不是沒有憑藉精神文明超越物質生命的例子，不過如今我們面對的是全球79億、到了本世紀中就可能會近百億的人口。許多已開發和開發中國家將迎接超高齡社會。經濟力和社會力都在倒退。自然環境中各種各樣的污染嚴重，生態已然瀕臨第六次大滅絕。地球難堪濫取豪奪的負荷，已經顯出疲態，更超出了我們所能掌控的範圍。

這不是悲觀！客觀地說，每一種文明社會，一旦進入人口大量擴張到趨近環境的承載極限，就必須面對環境崩壞、文明傾圮的危機與挑戰。這是歷史的教訓。

且讓我們先暫時撇開一切先進的科技工具，遠溯到三萬年前先人們的過去，或許可以啟示一線未來的窗隙。

上古先人洞穴畫作的啟示

1994年12月，尚・馬西・蕭偉（Jean Marie Chauvet）和他的洞穴學家團隊在法國南部的庇里牛斯山拉合德舍（l'Ardéche）峽谷，發現了一個尚未有旅客到過的上古洞穴。沿著穴梯從洞頂下到底部，赫然是一個所有穴室的總和面積超過8000平方公尺，深長蜿蜒的石灰岩洞窟入口。

更令人驚訝的是，洞穴的穴室中滿是壁畫，畫中充滿形形色色的動物群。經過定年，竟然是距今30,000-32,000年前的上古人類遺留的繪畫。所以是智人離開了非洲，輾轉到了歐洲以後的作品，這是目前世界上所知最古老的現代智人的畫作。由於洞窟的底部有大角鹿的壁畫，洞窟末端的石室就被稱為「大角鹿畫室」。

依據調查結果，蕭偉洞窟至少有過兩次人跡佔用。第一次大約是37,000-33,500年前，第二次大約是距今31,000-28,000年。較早的一次是奧瑞格納人（Aurignacian），大部分的壁畫正是他們的傑作！他們並未住在洞中，看來只是把洞穴當作舉行某種儀式的處所。

第二批是格拉維特人（Gravettian），他們很少用火。火不是用來烹煮食物，而是製造繪畫的木炭。畫作都是在黑暗

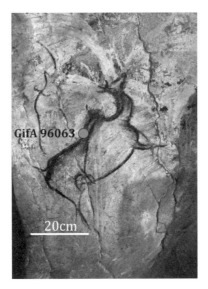

拉合德舍洞窟的「大角鹿畫室」

中點著火炬來作畫。黏土的地面可以看到留下來的腳印,包括穴熊的爪印,還有一個小孩和一隻狗肩並肩的足印。這表示最後的冰期之前就已經有馴養犬隻的行為了。後來山崩土石流掩埋了洞穴的入口,就再也沒人發現它,直到1994年。

　　為了保護洞窟不被破壞,法國文化部決定蕭偉洞窟將暫不開放給一般旅客觀賞。2010年,德國新浪潮(New German Cinama)的代表人物偉納・荷索(Werner Herzog, 1942-)發行了一部3D紀錄片《遺忘夢境的洞窟》(*Caves of Fogotten Dreams*)的,就是以蕭偉洞窟的上古壁畫為主題。影片在

2010年多倫多的國際電影節首映。我看到此片是在2011年台北電影節，翻譯名稱為「荷索之3D祕境夢遊」。

這部影片記錄了蕭偉洞窟壁上的畫作。它的主題就像其他的史前洞穴壁畫，是以動物為主。但是蕭偉洞窟中壁畫所含有動物的數量和種類之多，都令人嘆為觀止。包括了馬、原牛、野牛、麝牛、羚羊、長毛象、長毛犀牛、穴獅、豹、穴熊、馴鹿、大角鹿、還有一隻貓頭鷹，一隻可能是鬣狗，起碼有14-15種，加上數以百計的動物數目。規模之大，在洞穴古壁畫中可謂空前。

這些畫作的精緻程度，顯然不是信手拈來之作，有許多是把畫面清理過、刮白了，甚至整理出框架後，再用炭筆在上面著畫。是有目標、有目的，精心設計與繪製的作品。畫中的馬群、牛群、獅群等都栩栩如生，線條複雜，場景浩大。

其中有53幅是動態的畫作，有些馬有八條腿來表示奔跑的狀態。雖然是在黑暗中舉著火炬作畫，呈現的動態光影仍然是技術高超，引人入勝。有一幅畫是在一隻鹿的上面重疊了火山噴出的熔岩漿，或許是當時附近有活躍的活火山。如果屬實，這就是最早描繪火山噴發的繪畫了。

這些畫作雖然沒有人像，卻有一雙不完整的腿，上半部接著一個野牛頭。有一些紅點色塊形成一片紅色的集團；還有把手掌按在壁上，然後把顏料吹到牆壁上來完成的手模

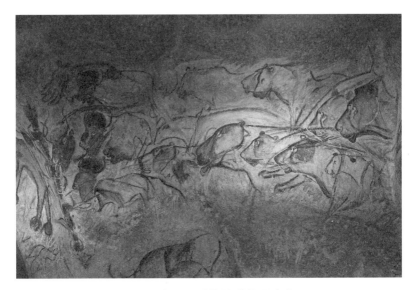

拉合德舍洞窟動態的動物群畫作

印。此外,整個洞窟都能看見一些點或線組成的抽象符號的連結,讓人產生巫術或魔法儀式之感。

有人說,我們憑著這些藝術作品的外在形式,可以判斷畫家應該和我們大概有著相同的大腦,所以畫作應當是出於現代智人之手。然而在嘆為觀止之餘,法國著名的史前史學家尚・克洛蒂斯(Jean Clottes, 1933-)曾疑惑地提出:「這些畫作究竟代表什麼意義呢?」

幾萬年前穴居的先人,既無大型社會,又沒有宗教活動,遑論展覽館或藝術市場。在填飽肚子都很艱困的環境中,為什麼會特地跑到洞裡去從事藝術描繪?究竟是什麼力

量驅使他們如此熱衷投入，發展並非生活最需要的抽象認知能力和藝術行為？簡而言之，人是為什麼而從事藝術？

這個問題可能永遠沒有標準答案。

不論原因終究是什麼，《遺忘夢境的洞窟》中有一句話深得我心：「這些洞窟畫作的存在揭示了藝術所代表的精神生活是多麼根本和自然，照亮了人性本身。」4

考古顯示我們是唯一與藝術共存的人類。當我們開始懂得誠實地凝視自己的內在心靈與意識，並且與之對話時，思考常常會進入深邃的境界；慾望會昇華、精神會活化；有人甚至發生類宗教情操。

我們不知道人類對心靈與精神的訴求，是否能使世界更加美好，但是我們的物慾行為產生的世界日趨困乏，則已經是既成的事實。但不能忘記的是：現代智人具有一個能訴求精神心靈與意識的大腦。天生會想要探索世界和瞭解自己，不只以生存和延續後代為滿足，更會想望未來，關心生命的價值，具有理性並從事取捨。從大腦科學來看精神領域，雖然仍是一片未知之地，但以精神超越來提升自我的靈性，也許並非虛幻無稽之談。

大腦科學與心靈、意識的奧祕

心靈（mind）和意識（contiousness）之於人的身體，就好比宇宙中的暗能量與暗物質，似乎存在，卻缺乏清楚的認

知。

　　關於大腦與心靈，普羅大眾較感興趣的不外乎「人有靈魂嗎？」「人死後靈魂可以獨立存在嗎？」「先有身體還是先有靈魂？」「心靈與意識可以移植或複製嗎？」「人有自由意志嗎？」等等。許多宗教教徒篤信二元論的身體與靈魂，甚至有相信三元論的靈、魂、體，但都只能做一些捕風捉影的印象描述，無法具有說服力的提出研究型定義。

　　1900年，精神分析家佛洛伊德（Sigmund Freud, 1856-1939）在《夢的解析》（*The Interpretation of Dreams*）一書中，企圖瞭解潛意識與人性，探究自我、超我的心靈結構理論。雖然他提出的理論和定義很多都已經被後人挑戰或改寫，但發展至今，研究心靈與意識已成為當今大腦科學中的核心課題。

　　與華生（James Watson）共同發現DNA分子結構的克里克（Francis Crick, 1916-2004），在1962年獲得諾貝爾獎之後首開意識研究之先，他在1994年出版了意識與靈魂研究的科普書《驚異的假說》（*Astonishing Hypothesis*），重要的是克里克選擇了專攻大腦與神經科學的策略來研究意識。

　　他提出的假說中，主張意識是一堆神經元（neurons）產生的現象。這是相當唯物的思維。無獨有偶，因為發現免疫系統的抗體分子，而獲得1972年諾貝爾生理醫學獎的艾德蒙（Gerald Edelman, 1929-2014），在2004年出版了《大腦比

天空更遼闊》（*Wider than the Sky*）。他從神經科學、生物演化等領域的角度來研究意識，而且不認為意識的能力只為人類所獨有。

　　大腦、心靈與意識是如此神祕，猶如一道最後的疆界。科學家研究愛因斯坦留下來的大腦，尚且不得其門而入，現代醫學對史蒂芬・霍金中樞神經發育不良的大腦，也是無能為力。我們對腦科學的研究，還需要假以時日才能有更多認識。

　　科學提升了人類理性的思考力，但是有效未必美好，有解未必能全知，真實未必有智慧，精準未必萬能。歷史上真正的喝采，總是屬於那些能捐棄私利、眼光遠大的智慧之士。就像宋朝蘇東坡〈前赤壁賦〉所寫：「苟非吾之所有，雖一毫而莫取，惟江上之清風與山間之明月，耳得之而為聲，目遇之而成色，取之無禁，用之不竭，是造物者之無盡藏也。」超越物質欲求、精神與天地合一，才可能突破物質慾望的桎梏，開闢嶄新的心靈格局。

利他、愛與創造行為

　　曾有人看見象群對著遭蛇吻而躺在地上的同伴，不停想幫助牠再站立起來。第二天，這群象又回到了同伴已經冰冷僵硬的屍身旁邊，死象毫無氣息的躺在泥地上，悲傷的象群在一旁搖動屍體，哀愁地聚集著，真情流露。

我們對象群展現出和人類相似的親情與同理心，難免生出戚戚相惜之情。有人的研究還觀察到猩猩、鯨豚、多數的哺乳類和一些鳥類等，對同伴或其他的生命也都有類似同理心的行為。人類應該如何看待這些人性深處視為珍貴的感情呢？

科學家發現，哺乳類（當然包括人類）對於自己和周遭環境以及其中的眾生，可以興發產生各種情緒與反思，而且層次十分多樣複雜。大腦科學家大多認為情緒是源自演化，目前對情緒調控的研究發現：生命的社會性與同理心，以及對藝術品的賞析過程，其在神經元的傳導歷程上具有相關性。[5]

心理學咸認為「利他行為」（altruism）是同理心的一種較高層次的表現。在達爾文提出演化論之前，很多文化中早就將仁愛之心看作是一種無上的美德。現在則常把愛的意志看作是社會型動物演化出來的高層次情緒認知與自省的行為。聖經有言：「人為朋友捨命，人的愛心沒有比這更大的。」無私的愛常常能創造生命中的奇蹟，化腐朽為神奇。

電影《阿甘正傳》（Forest Gump）中，主角阿甘曾說：「我不是個聰明人，但是我知道什麼是愛。」創造力（creativity）不同於智力（intelligence）。智力重在處理解決眼前的問題，如果人總是單單著眼於生命表面的優勢或眼前的小利小惠，至多只能追逐一時的成就。創造力與生命之愛

則須關注生命的終極價值，有時甚至不惜犧牲自身利益，以追求更高的價值。

愛與創造在生命中同質且同源，人類的創造力是潛藏於人性中有著能超越自我生命的價值。個人在生活中的創造能力表面上似乎有高低之分，但是真正的差別不在於膚淺的成就，還是在於面對生命價值的取捨，或能否擇善固執。

阿甘儘管智力平凡，但是對生命之愛的執著，卻能打開希望之門，成為跟隨者的榜樣，開創命運的奇蹟。如果具有利他精神的崇高愛心真是矯正個人私慾功利的希望，我們就應該覺悟精神生活的提升才是人生應當依附的根基。生命必須回歸學習精神上的真善美，才能激發與自然同行的永續之心。

文化傳承

人類的生物面向和文化面向看似截然有別，如今多數人知道生物基因（gene）影響生命遺傳特徵，「文化基因」或稱作迷因（meme）的概念則較少人聽說過。英國演化生物學家理查‧道金斯（Richard Dawkins, 1941-）提出「迷因」的概念時，是指人與人之間在言語、行為、風格等各種文化特質上的模仿。這就好像文化也有可複製的基本「遺傳」單位。

既然生物性可以演化，文化性又何嘗不能？文化上的傳

遞效力無法像生物基因複製那般精確，但意義更顯寬廣。賈德・戴蒙（Jared Diamond）認為：人類後天從文明中是學來的本事多，原創的事物少。大腦科學對智力和創造力有不同的定義和闡述。智力和創造力基本上是兩種不同的計算框架（computing scheme），但是模仿不代表不能創新。先起步的未必能贏，現在贏的也未必永遠是贏家。[6]

文化傳承是生命演化之外的另一個歷史因素，影響著族群發展。現代人類在如此密集的生活環境中，要再演化出新物種的可能性已經是微乎其微，但是文化傳承可能反而成為歷史嬗遞的主流因素。如果我們懂得超越自私的物慾人性，允許善良的精神生活與利他的文化創造，或許人類的文明可以扮演更積極推動自然永續的角色。

未來教育與永續的未來

物理學家弗里曼・戴森（Freeman J. Dyson, 1923-2020）說：「夢想是為了後世子孫！」[7]為後代子孫甘願辛苦也是「自私的基因」[8]使然。同理，珍惜萬物的生命，跨越人類世可能崩壞的邊際，尋求可長可久的文明，也是為萬物及人類群體謀求共享永續未來的選擇。

每個人都有夢想，但是追求夢想的人，並不都能在夢想中實踐生命的價值，更少人能夠堅持利他的生命之愛來實踐共好的夢想。在以輸贏和財富論英雄的世界上，即使是世界

首富也未必能實踐對自己之外生命的熱愛。然而,創造對個人和眾生都有意義的未來,才是人類世所需要的教育。

科技文明起飛後引生的新問題,絕不少於已經解決的問題,新問題常常更複雜、更棘手、除了挑戰我們的知識,更挑戰人性的智慧和良知。既然我們的智力趕不上解決所製造的問題,就必須及時反省自稱為「智人」究竟是否正確?是否睿智?如果答案是否定的,我們有沒有機會懸崖勒馬,改弦更張?這才是更困難、更深刻的問題!

教育是人類陶塑人性的不二法門,也是人性的未來工程,北大的蔡元培校長曾說:「教育者,養成人格之事業!」精神生活與利他德行的萌芽、成長和著根,比起學習艱深的知識更需要投注環境、時間與堅持。面對人類世的未來,提升人格的教育必須重新在我們的生活中被啟迪。

此外,我們在自由開放的社會中,必須學習凡事有所為,有所不為。在習於追求恣情任性的世界潮流中,這類倡議或許聽來有違時宜,但我相信這才是在人類世必須誠實面對的課題,讓我們內在的人性自覺復甦,淬煉精神生命,兼具仁人愛物、關懷生態的教養,人們才更有機會回歸永續的軌跡。

我個人更相信:當今功利與自由市場掛帥的世界教育體制應該有一個全盤翻轉的思維。學校教育不應該重在提供就業的工具,人格教育是要提升精神情操與品格的內涵。學著

更深化地認識周遭的環境和文明的命運,這可能不是當今學校裡的功課,卻是每個人生命中更需要學習的心智亮光。對社會化的個體能教養出愛人於先,自身受惠於後的稟性。正是攻克己身,叫身服我的操練!

我也相信人文的力量必須學會找到人性價值的方向,為人類的文明指點迷津,說服科學的理性和科技的商業市場量力而為,有所節制。人文與科學理當學會對話,這也是未來教育的核心目標。

注釋

1　《大崩壞:人類社會的明天?》(*Collapse, How Societies Choose to Fail or Succeed*)廖月娟譯,時報文化,2006年。

2　《第六次大滅絕:不自然的歷史》(*The Sixth Extinction, An Unnatural History*)伊麗莎白・寇伯特(Elizabeth Kolbert)著,黃靜雅譯,天下文化,2014年。

3　"There is no reason to suppose the average boy or girl cannot be master of a personal computer."

4　"Obviously, such appreciation and knowledge can be shared—and used to buttress arguments on behalf of art; and the existence, the fact, of these old paintings reveals how fundamental and natural is the spiritual life that art represents; human nature itself is illuminated."

5　《啟示的年代》(*The Age of Insigh*),艾力克・肯德爾(Eric R. Kandel)著,黃榮村譯注,聯經出版,2021年。

6　《大崩壞:人類社會的明天?》(*Collapse, How Societies Choose to Fail or*

Succeed）廖月娟譯，時報文化，2006年。

7　《想像的未來》（*Imagined World*）楊玉齡譯，天下文化，1999年。

8　《自私的基因》（*The Selfish Gene*）理查‧道金斯（Richard Dawkins）著，趙淑妙譯，天下文化，2020年。

結語

人類世的邊際
──人類世是文明的邊際嗎？

　　宇宙的發生與演化，究竟是有特殊力量操縱的宿命，或者僅僅是純粹的偶然？

　　宇宙中最多的元素是氫，氫原子由質子和電子組成。為什麼不是反質子和正子（反電子）？如果宇宙曾經歷過不對稱的演化，如果宇宙中的生命是憑著機率，剛巧的存在，不需要必然性，我們將如何定義和闡述存在與生命的意義？

　　自從人類發明了科學，科學家提供了以理性為基礎的知識，我們比前人更明白物質的世界是如何發生、存在、運作、演化，但是仍然無法回答我們自己為何存在？

　　亨德利克・房龍（Hendrik Willem van Loon, 1882-1944）

在他的《人類的故事》序跋中，曾說了一個故事。[1]

故事的起頭有一個國度，四周都被群山環繞。國度流傳著古老的禁忌——越過山嶺，離開國度的人必要喪失性命。

世世代代的長老們都嚴格地遵守著禁令，他們嚴厲地警戒所有的年輕人，千萬不可越過山嶺，否則必然要承受最可怕的咒詛。偶然有冒險違背禁令的，都從此失蹤，沒有人再回來過。禁忌形塑了國度的邊際。

跨越生命的邊際是一條無法回頭的道路，這已經化為所有活著的國民顛撲不破的信念。因為沒有人從生命邊際的彼端回來過，所以「邊際」永遠標誌著令人恐懼而怯於逾越的神祕。

房龍故事的結局，是一個年輕人掩蓋不住心中的好奇，終於決心違反禁忌，越過了山巔。他赫然發現了山巒外面的遙遠處，有著前所未見美好的天地景色。遂毅然往前，追隨以往突破禁忌的先人腳步，選擇遠離家園，不再回頭。

房龍不知道的故事是：這個叛逆的年輕人在新的天地中，又創造了另一個有禁忌的國度！

邊際是一個關隘。邊際是來路的終點，邊際也是去路的起點。在宇宙時空的長河中，邊際永遠不是結束。來路或許會中止，去路可能是柳暗花明又一村。來路上的行者可能無法經歷去路的景觀，但是去路上永遠不缺新的行者。

六千五百萬年前，一顆來自星際遠方的彗星，將地球上存活上億年的恐龍族群帶到了生存的邊際，但是卻創造了鳥類和哺乳類豐富的生態區塊。鳥類和哺乳類逾越了恐龍的邊際，獲得地球上前所未有的生命多樣性。[2]

七百萬年前，非洲阿爾法南猿從樹上下來，踏上草原，此後，人類就成了兩隻腳行走的猿類。[3] 約兩百萬年前，在仍不清楚的原因下，南猿走到了牠們的邊際。巧人展開了人屬的冒險，他們會隨心意敲打製造粗糙的石器，開啟了漫長的舊石器文明。

在一百萬年內，許多種人類興起，有些甚至從普羅米修斯手中接受了火種，卻又在各自的邊際消失。在不同人屬生命的起落中，約三十萬年前，當時的地球上只剩下寥寥數種人類，最有名的就是歐、亞的尼安德塔人和非洲的現代智人。

智人在五萬年前走出了非洲，跨越了五洲七海。

距今三萬年前，地球來到了距離現今最近的大冰期，整個北半球大部分被冰覆蓋。約在一萬五千年前，冰凍的星球終於開始融化。尼安德塔人意外地沒能夠走出嚴寒，又成為一支消失在更新世邊際的滅絕族裔。

智人與尼安德塔人相反，跨越了嚴寒的邊際，趁著天氣越來越暖和，大地回春，開始大量採集狩獵，以勝利之姿踏入了全新世。全新世終於成為舊石器、新石器文明交替的邊

際，進一步發明了文字、藝術，走過新石器、青銅和鐵器時代，建立王國，樹立制度典章，成為有歷史的族裔。

歐洲的智人在中世紀發動了文藝復興、科學革命；約兩百年前，開啟了第一次的工業革命。新的科學脫離了人文的束縛，新的工技挾著沒有感情的知識如爆炸般成長，兩百年內世界的人口從十億擴張到現今的約八十億，能資源無盡的耗費，把地球帶入了「人類世」。[4]

科學企圖跨越歷史的傳統邊際，卻將世界帶到「人類世」的新境界。科技工業使人類宛如成為新的物種。機械力、電力與資訊力的出現，智人像是凌空跨越了數個邊際。但是也有人說：智人把地球的生物帶入第六次生物大滅絕的邊際。[5]

十九世紀，歐美文明開創了資本和市場導向的經濟社會，二十世紀末，自由市場隨著全球化，人類對物質貪婪的強取豪奪、掠地殺戮，滿足口腹耳目之慾。二十一世紀的人類世代儼然迫使著芸芸眾生走向自然滅絕的邊際。沒有了人文關懷、崇高的精神生活使慾望昇華，科學與科技宛如脫韁之馬。

面對人類世的新困境，科學雖然走出一條理智、聰明之路，卻也是孤芳自賞的歧路。科學絕非萬能，科學若拒絕了人文，與世人隔絕，科技進步未必表示前途必然光明，因為人類尚未學會如何掌舵文明的方向。

然而人類世的邊際究竟有多遠呢？

人類世往後的路又會如何繼續呢？

智人能分辨自然的下一個邊際嗎？

智人能學會引領自己文明的方向？

抑或人類世竟是智人的終極挑戰？[6]

注釋

1 《人類的故事》(*The Story of Mankind*)，亨德里克‧威廉‧房龍（Hendrik Willem Van Loon）著，鄧嘉宛譯，漫遊者，2021年。

2 《恐龍再現》(*Dinosaurs Rediscovered*)，雷森（Don Lessem）著，陳燕珍譯，天下文化，1994年。

3 《人類傳奇》(*The Origin of Mankind*)，理查‧李基（Richard Leaky）著，楊玉齡譯，天下文化，1995年。

4 《人類時代》(*Human Age*)，黛安‧艾克曼（Diane Ackerman）著，莊安祺譯，時報文化，2015年。

5 《第六次大滅絕：不自然的歷史》(*The Sixth Extinction, An Unnatural History*)伊麗莎白‧寇伯特（Elizabeth Kolbert）著，黃靜雅譯，天下文化，2014年。

6 《人類大歷史》(*Sapiens-A Brief History of Humankind*)、《人類大命運》(*Homo Deus- A Brief History of Tomorrow*)、《21世紀的21堂課》(*The 21 Lessons of the 21st Century*)，哈拉瑞（Yuval Noah Harari）著，林俊宏譯，天下文化。

致謝

　　這本書能夠完成，首先我要感謝在國立台灣大學開授通識課程的機會。本書的內容是源自跨領域課程：「科技及其人文社會議題」、「自然、環境與永續文明」，然後結合人類世的概念，以科學家的立場對科學與科技進行文化的反思。

　　這門課很榮幸有多位優秀的年輕助教參與，曾經協助過課務的有曾煥炘先生、李家欣博士、王得耀博士、李祐慈博士、陳藹然博士、林雅凡博士、呂怡安小姐、杜凰祺先生、黃鈺婷小姐等。

　　感謝商周出版社出版此書，商周編輯梁燕樵小姐對此書的諸多建議，包括書名，尤其是小標的嵌入及省思單元的植入，提供了實質的改進。我也感謝家人的鼓勵與支持，小女Becky（昕昀）協助繪製的插畫，增加了圖像的趣味。父女同工也算蔚為佳話。

　　2020、2021年新冠肺疾全球肆虐。台灣初期的防疫策略還屬清零，因此宅在家中的時間很多，遂促成了專心寫書的機會。據說牛頓的《自然哲學的數學原理》也是在鼠疫橫行時完成的。在疫情下創作，可能是因禍得福的最佳寫照。

　　本書是一輩子從事化學學術論文創作之外，第一本寫給一般大眾的作品。文章的題材、結構、內容、文體……在在都是嶄新的功課。套一句以前在研究會議常用來鼓勵學生的話：Life is for learning！也算是對自己繼續努力的提醒。

圖片來源

頁 39　圖片來源：Wikimedia Commons，作者：Rursus
https://commons.wikimedia.org/wiki/File:Milky_Way_Arms.svg

頁 43　圖片來源：Wikimedia Commons，作者：Beinahegut
https://commons.wikimedia.org/wiki/File:Solar-System.pdf

頁 133　圖片來源：Wikimedia Commons，作者：Efbrazil
https://commons.wikimedia.org/wiki/File:All_forcing_agents_CO2_
equivalent_concentration.svg

頁 146　（上）圖片來源：Wikimedia Commons，作者：Keith
Schengili-Roberts
https://commons.wikimedia.org/wiki/File:ROM-BurgessShale-

CompleteAnomalocarisFossil.png

（下左）圖片來源：Wikimedia Commons，作者：Martin R. Smith

https://commons.wikimedia.org/wiki/File:Ottoia_tricuspida_ROM_63057.jpg

（下右）圖片來源：Wikimedia Commons，作者：Verisimilus

https://commons.wikimedia.org/wiki/File:Marrella_(fossil).png

頁153　圖片來源：Wikimedia Commons，作者：Tomruen

https://commons.wikimedia.org/wiki/File:Co2_glacial_cycles_800k.png

頁176　圖片來源：Wikimedia Commons，作者：Gerbil

https://commons.wikimedia.org/wiki/File:Mandibel_from_Mauer.JPG

頁180　圖片來源：Wikimedia Commons，作者：ArchaeoMouse

https://commons.wikimedia.org/wiki/File:A_Visual_Comparison_of_the_Pelvis_and_Bony_Birth_Canal_Vs._the_Size_of_Infant_Skull_in_Primate_Species.png

頁186　圖片來源：Wikimedia Commons，作者：ABCEdit

https://commons.wikimedia.org/wiki/File:Migration_route_of_
Human_mtDNA_haplogroups.png

頁196-197　圖片來源：Wikimedia Commons，作者：Obsidian
Soul

https://commons.wikimedia.org/wiki/File:Chronological_dispersal_
of_Austronesian_people_across_the_Pacific_(per_Benton_et_
al,_2012,_adapted_from_Bellwood,_2011).png

頁232　圖片來源：Wikimedia Commons，作者：Christoph Roser
at AllAboutLean.com

https://commons.wikimedia.org/wiki/File:Industry_4.0_NoText.png

頁242　圖片來源：Wikimedia Commons，作者：Dominique
Genty

https://doi.org/10.1371/journal.pone.0146621

頁244　圖片來源：Wikimedia Commons，作者Claude Valette
https://www.phaidon.com/agenda/art/articles/2014/june/23/worlds-
earliest-figurative-art-gets-unesco-status/

國家圖書館出版品預行編目資料

丈量人類世：從宇宙大霹靂到人類文明的科學世界觀 / 陳竹亭 著. --
　初版. -- 臺北市：商周出版：英屬蓋曼群島商家庭傳媒股份有限公司
　城邦分公司發行, 民111.09
　面：　公分

　ISBN 978-626-318-402-2（平裝）

1. CST: 科學

300.7　　　　　　　　　　　　　　　　　　　　　111012961

丈量人類世

從宇宙大霹靂到人類文明的科學世界觀

作　　　者／陳竹亭
企 劃 選 書／梁燕樵
責 任 編 輯／梁燕樵

版　　　權／黃淑敏、林易萱
行 銷 業 務／周佑潔、周丹蘋、賴正祐
總 編 輯／楊如玉
總 經 理／彭之琬
事業群總經理／黃淑貞
發 行 人／何飛鵬
法 律 顧 問／元禾法律事務所　王子文律師
出　　　版／商周出版
　　　　　　城邦文化事業股份有限公司
　　　　　　臺北市中山區民生東路二段 141 號 9 樓
　　　　　　電話：(02) 2500-7008　傳真：(02) 2500-7759
　　　　　　Blog：http://bwp25007008.pixnet.net/blog
　　　　　　E-mail：bwp.service@cite.com.tw
發　　　行／英屬蓋曼群島商家庭傳媒股份有限公司城邦分公司
　　　　　　臺北市中山區民生東路二段 141 號 2 樓
　　　　　　書蟲客服務專線：(02) 2500-7718、(02) 2500-7719
　　　　　　服務時間：週一至週五上午09:30-12:00；下午13:30-17:00
　　　　　　24 小時傳真專線：(02) 2500-1990、(02) 2500-1991
　　　　　　劃撥帳號：19863813；戶名：書蟲股份有限公司
　　　　　　讀者服務信箱：service@readingclub.com.tw
　　　　　　城邦讀書花園：www.cite.com.tw
香港發行所／城邦（香港）出版集團有限公司
　　　　　　香港灣仔駱克道193號東超商業中心1樓
　　　　　　E-mail：hkcite@biznetvigator.com
　　　　　　電話：(852)2508-6231　傳真：(852) 2578-9337
馬新發行所／城邦（馬新）出版集團【Cité (M) Sdn. Bhd.】
　　　　　　41, Jalan Radin Anum, Bandar Baru Sri Petaling,
　　　　　　57000 Kuala Lumpur, Malaysia.
　　　　　　Tel: (603) 9057-8822　Fax:(603) 9057-6622
　　　　　　E-mail:cite@cite.com.my

封 面 設 計／兒日
排　　　版／新鑫電腦排版工作室
繪　　　圖／Becky Chen、鍾瑩芳
印　　　刷／高典印刷有限公司
經 銷 商／聯合發行股份有限公司
　　　　　　電話：(02) 2917-8022　傳真：(02) 2911-0053
　　　　　　地址：新北市231新店區寶橋路235巷6弄6號2樓

■ 2022年（民111）9月初版1刷　　　　　　Printed in Taiwan

定價 400 元

城邦讀書花園
www.cite.com.tw

104台北市民生東路二段141號B1

英屬蓋曼群島商家庭傳媒股份有限公司　城邦分公司

請沿虛線對摺，謝謝！

書號：BU0181	書名：丈量人類世	編碼：

讀者回函卡

線上版讀者回函

感謝您購買我們出版的書籍！請費心填寫此回函卡，我們將不定期寄上城邦集團最新的出版訊息。

姓名：＿＿＿＿＿＿＿＿＿＿＿＿＿＿＿＿＿＿＿＿＿　性別：□男　□女

生日：西元＿＿＿＿＿＿＿＿年＿＿＿＿＿＿月＿＿＿＿＿＿日

地址：＿＿＿＿＿＿＿＿＿＿＿＿＿＿＿＿＿＿＿＿＿＿＿＿＿＿＿＿＿

聯絡電話：＿＿＿＿＿＿＿＿＿＿＿　傳真：＿＿＿＿＿＿＿＿＿＿＿

E-mail：

學歷：□ 1. 小學 □ 2. 國中 □ 3. 高中 □ 4. 大學 □ 5. 研究所以上

職業：□ 1. 學生 □ 2. 軍公教 □ 3. 服務 □ 4. 金融 □ 5. 製造 □ 6. 資訊

　　　□ 7. 傳播 □ 8. 自由業 □ 9. 農漁牧 □ 10. 家管 □ 11. 退休

　　　□ 12. 其他＿＿＿＿＿＿＿＿＿＿＿＿＿＿＿＿＿＿＿＿＿＿＿＿

您從何種方式得知本書消息？

　　　□ 1. 書店 □ 2. 網路 □ 3. 報紙 □ 4. 雜誌 □ 5. 廣播 □ 6. 電視

　　　□ 7. 親友推薦 □ 8. 其他＿＿＿＿＿＿＿＿＿＿＿＿＿＿＿＿＿

您通常以何種方式購書？

　　　□ 1. 書店 □ 2. 網路 □ 3. 傳真訂購 □ 4. 郵局劃撥 □ 5. 其他＿＿＿

您喜歡閱讀那些類別的書籍？

　　　□ 1. 財經商業 □ 2. 自然科學 □ 3. 歷史 □ 4. 法律 □ 5. 文學

　　　□ 6. 休閒旅遊 □ 7. 小說 □ 8. 人物傳記 □ 9. 生活、勵志 □ 10. 其他

對我們的建議：＿＿＿＿＿＿＿＿＿＿＿＿＿＿＿＿＿＿＿＿＿＿＿＿

＿＿＿＿＿＿＿＿＿＿＿＿＿＿＿＿＿＿＿＿＿＿＿＿＿＿＿＿＿＿＿＿

＿＿＿＿＿＿＿＿＿＿＿＿＿＿＿＿＿＿＿＿＿＿＿＿＿＿＿＿＿＿＿＿